精準學習

中國最會學習的人之一、「得到」最受歡迎說書人 成甲 著

「羅輯思維」最受歡迎的
個人知識管理精進指南

目　錄

第一章
知識管理與認知優勢

第二章
掌握臨界知識的底層思維與方法

第三章
發現和應用自己的臨界知識

第四章
核心臨界知識及活用案例

各界推薦

「這是一本寫給未來中流砥柱的書。這些人不但工作做得好，而且有創新；不在乎別人的先發優勢，只研究怎麼提升自我；不問目標有多難，只問自己能不能學。成甲這本書，能幫你學習怎樣學習，他說的是有關知識的知識。」

——「得到」App 專欄《精英日課》作者　萬維鋼

「我的微信公號叫『學習學習再學習』，第一個『學習』是動詞，第二個『學習』是名詞，第三個『學習』是動詞，意思就是說『學習』本身是需要『學習』的，要學習如何學習才能夠更好地學習。活到老學到老，只不過是一種生活方式而已。這本書把學習說透了，所以推薦大家。」

——著名天使投資人、連續創業者、終生學習者　李笑來

「我們這個時代，錯在給人的機會太多，成功好像很容易，所以會有太多貪多求速的『學習者』，總以為學習就像吃興奮劑一樣，可以馬上見效。這是一種時代病，但一般人不會覺得自己有病，所以陷入惡性循環。成甲的這本書，並不適合那些急於求成的『學習者』，倒是能給那些沉得下心來學習的人一種『方便法門』。按照這個方法，幾年下來，你才會體會到：慢慢來，比較快。」

——「羅輯思維」創意顧問 小馬宋

「我們正處在資訊超載的時代，擁有快速獲取重要知識並能應用的能力比任何時代都重要。成甲在書中跟大家分享了對這個問題的思考與探索，思考的角度和品質都非常棒，推薦閱讀。」

——知名自媒體人，「100 天行動」發起者 戰隼

「我們學習的時候，最難的部分不是收集，也不是整理，而是內化。內化是將資訊變成知識，進而變成解決問題能力的過程。這個過程太難了，以至於很多人讀了很多書，參加了很多訓練營，結果能力仍然提升不起來。怎樣才能增強自己內化知識的能力？以後不用麻煩了，讀成甲這本書，它會給你非常詳細的解決辦法和修練步驟。」

——個人知識管理和時間管理達人 彭小六

　　「在這個資訊過剩時代，真正的知識才是奢侈品，那些構建底層思維、突破心智邊界的元知識，是一個人可以脫穎而出的關鍵。什麼樣的『知識』才值得我們花費精力去學習？我們將有限的精力投入到何種『知識』上才會發揮更大威力？這些問題，在成甲的這本書中有精彩的闡述。」

　　　　　　　　──個人成長指引者、自我管理系統構建專家　易仁永澄

【推薦序】

準備好，在臨界點爆發

脫不花

　　我喜歡的作家史鐵生曾經寫過一句「特別政治不正確」的話：「人與人之間的差別，大於人與豬的差別。」任何一個人和任何一頭豬之間的基因差異，是恆定的、可量化的，但是人與人之間的差異則會大到完全超乎你的想像，乃至無法預測。

　　人與人之間會因種族、文化、性格、價值觀等產生諸多區別，但是我更願意把這些區別都歸因於一點：認知差異。因為認知不同，事實上人們是活在各自的平行世界裡。《人類大歷史》的作者哈拉瑞提出了「想像的共同體」的概念，它在本質上也是「認知的共同體」：認知水準趨同的人，更有可能結成虛擬「社群」，在生活方式、個人成就和社交關係中表現得更為接近。

　　成甲寫的這本書，在我看來，就是**一位重度學習者為識別茫茫人海中的同類而打造的一個信物、傳遞的一個暗號，因為只有那些熱衷於研究學習方法，並且長時間持續刻意練習這些方法的人，才會理解「臨界」這一概念的寶貴價值。**

自從加入羅輯思維以來，我時時刻刻都感受到「人比人氣死人」這句真理的壓力，因為身邊都是認知水準極高的神人。羅胖（羅振宇）就不用說了，他是以為別人提供知識服務為業的。像我們的朋友張泉靈，她長期以來保持著一個分享習慣，我稱為「一秒鐘系列」，就是她能教給別人一些本事，可以幫助你一秒鐘分辨判斷那些原本非常混淆和模糊的事物。這種學習和分享能力是驚人的，所以她從央視主持人轉型創業投資，幾乎不需要過渡期，入行就是專家，一年時間就打造出績效非常好的紫牛基金。再比如《浪潮之巔》的作者吳軍老師，他目前一邊在史丹佛大學講課，一邊做投資、拍攝自己的攝影作品、定期到世界各地旅行，他每天堅持運動之餘，還保持每日給「得到」用戶寫一封長信。每當我想要從他們身上獲得一些「祕笈」時，他們總是會很謙虛地說：「不過就是掌握了一些學習方法，沒什麼特別的。」

天哪，還有比這更特別的嗎？

我們為什麼要學習「學習方法」呢？因為這個世界太大，而我們的智慧有限。只有掌握更有效率的學習方法，才能在極為有限的時間裡，把自己的認知水準比別人多往前推進一釐米。

認識成甲，是在羅輯思維籌備「得到」App 期間。我們當時想要做這樣一個產品的原因，就是強烈地感受到「生有涯，而學無涯」的焦慮，希望能夠為更多用戶提供節省時間、提高效率的知識服務。成甲是一位研究學習方法的專家介紹給我的，一聊之下，我發覺他最有價值之處不僅在於有一套相對完整的學習方法論，而是他本人長期使用這套方法論

進行知識產出。所以,我非常迫切地邀請他正式成為「得到」App 的內容合作者,將他的產出分享給更多人。

一年以來,成甲出品的《成甲說書》這一知識產品,收到了大量熱烈的回饋,很多年輕用戶不僅是他的聽眾,而且也受他帶動,養成寫作讀書筆記、繪製心智圖、在社交圈中分享好書的習慣。

現在回想成甲一年前對我提到的「臨界知識」概念,雖然至今我仍然覺得這個概念可能在傳播上會因為比較冷門而略顯吃虧,但經營「得到」這樣一個終身學習工具滿一年,我對這一概念產生了強烈的認同感。出版業、傳媒業、教育業、互聯網,每天都在以海量的規模產出各種各樣的知識,然而,「知道這麼多道理依然過不好這一生」,就是因為 99.99% 的道理都不能通往行動,只有那些極少數能夠啟動人們去行動的知識,才能達到「臨界值」,繼而引爆你的小宇宙。

很多掌握頂尖學習方法的人,並沒有時間或意願把他們的祕密透露給更多人,幸運的是,成甲願意。

所以,就讓我們摩拳擦掌,跟著成甲一起在通往獲取「臨界知識」的道路上好好學習,隨時準備在這條道路上歡喜奔跑吧!

(本文作者為「羅輯思維」首席執行長)

【推薦序】
術從簡，道從心

徐金琪

　　這本書，緣起於三年前的那三次追課。

　　我和成甲初見，是在他的一堂知識管理分享課上，也許他會很驚訝為什麼在 20 多歲為主的學員中會出現一位 40 多歲的大叔。這次偶然讓我對這位年輕的分享者產生興趣，下課後我們倆拍了第一張合照。他的第二次分享課我又如約而至，我想看看他的分享又有什麼不同，結果他拿出了一套新的系統。參照第一次的慣例，我們又拍了合照。

　　當我第三次出現在他的分享課上時，我相信他內心是有些崩潰的，因為一個中年大叔粉絲其實沒有那麼好對付。是的，我不僅對知識管理感興趣，更主要是想看一看，這個把知識管理講得如此有趣的年輕人到底能有多少料，他是不是在用一個模式重複。成甲沒有讓我失望，他三次課程都有不同，給了我不一樣的收穫。按照慣例，我們再度合照。從此，我們就成了好朋友。

　　三次追課之後，我寫下這樣的評語：「結緣『第九課堂』後，到目前為止，最喜歡的就是成甲講授的知識管理課程。這個課程道術結合，

自成體系。成甲對知識管理方面的研究非常到位且爛熟於心，娓娓道來、酣暢淋漓、風格幽默且充滿正能量，將知識管理上升爲哲學思考，以更高的思維格局統領整個課程。在他的指導下，學員們可以將繁雜無序的知識迅速地梳理盤活，有效地將其系統化、立體化，最終實現知識的內化和外化。聽成甲的課，眞是件特別享受的事：陽光一樣的好課，陽光一樣的帥哥！」

我在想，如果這樣的好課能如陽光一樣惠及更多人，出版圖書應該算是一條好的途徑。於是我向成甲提出希望出書的建議，他同意了，然而這本書的誕生已經是三年之後。千萬別誤會，成甲沒有拖延症，只是注意效率的他同時追求完美。在這一千多個日子裡，我們這些好友都見證了他的精進和努力，他對這本書的嘔心瀝血，讓這本書已經超出我的預期，更是當初知識管理課程的升級版本。

後來，我創立了一個具有媒體屬性的公益演講沙龍「多角度沙龍」，定期邀請跨領域領袖前來交流分享。成甲自然成爲沙龍的常客。這不僅是因爲我們之間親密的關係，更是因爲理念的相合。「有意思、有意義」的多角度沙龍，不僅要傳播知識、分享經驗，更要用一種快樂的方式來讓大家接受。成甲做的就是我們希望的那樣。如果不是他精彩的分享，我會一直認爲知識管理是一門非常「艱澀」的學問。

此外，還有一個重要原因：我們都在做「跨界」的事情。在一個領域內做到專業很不容易，能把經驗用合適的方式分享出來就更難，而要在轉換一個領域後還能做得很好，那就是難上加難的事情。成甲創辦的

景觀規劃設計公司相當成功，做知識管理的分享有乾貨，這些都是我知道的。我沒想到的是，他居然能把新媒體節目《成甲說書》也做得有模有樣。

「跨界」是一種多角度觀察、多角度學習的能力，成甲無疑是有這種能力的，而這種能力的背後是一整套的學習方法論。所以，**成甲在這本書裡，把他多年管理知識、提升自我的方法徹底奉獻出來。這些方法來自他自己的學習和感悟，是他已經證明行之有效的；這些方法又很簡單，每個人只要用心都能掌握。**

「術從簡」，是成甲講述方法論的一個特點，沒有高深複雜的套路，都是簡單易行的方法。然而，要做到簡單，往往最困難。

身為一名從業多年的媒體人，我已經習慣在自己的作品中注入「靈魂」。無論是寫一篇文章、製作一檔新聞屬性的專題影片，或是做一場分享沙龍，又或者是設計一場演講，我都會努力地讓受眾透過作品的表面去感受背後的溫度與力量。這一點，也是我與成甲老師的共識。在閱讀這本書的過程中，我在充滿墨香的紙張背後觸摸到一顆火熱跳動的心。成甲是懂得感恩的人，他對讀者的回饋絕不僅僅是表面的方法論，他也在用一本書來告訴大家讓知識產生力量的「道」，一種走「心」的「道」。

對讀者而言，對一本方法論的書籍往往期待其有術又有道，然而能做到「術從簡，道從心」的境界實為不易。我理解成甲的這本書能夠與讀者見面有多麼不容易，這本融合了他經驗與感悟的書，是用生活的磨

難與思考寫成的。當我們看到他一次次成功跨界的時候，也一定知道這背後會有許多不為人知的心酸往事。我們都在為美好拚搏，我們都在努力提升超越自我，我們無須站在巨人的肩膀，只要吸收如成甲老師這樣生活在我們周圍的人的經驗，也能夠找到前行的方向，「未來多角度，答案在風中」。

本書是成甲老師知識管理課程的升級版，而我創辦的「多角度沙龍」經過三年歷練，也實現了升級。我以媒體人身分，去觀察這個「個人崛起」的時代，於是，我組織舉辦了一場話劇式跨年演講，近距離面對和剖析這個時代下快速崛起的個人。在這場演講會上，成甲老師做為嘉賓之一，也將走上東方梅地亞 M 劇場，向更多人分享他成長背後的思考。

互聯網賦予了一個人無限的可能，讓個人力量增強，個人價值釋放。相信這本書，會帶著成甲老師的熱情、能量和智慧，讓更多人重視知識管理，讓更多人在這個互聯網時代實現「個人崛起」！

（本文作者為多角度沙龍創始人，原央視記者組組長）

【自序】
好好學習如何「學習」

我是從 2008 年開始接觸知識管理。主要原因是自己在幾次創業過程中,迫切地感受到需要盡快地提升自我認知能力。那時候對於「知識管理」這個詞,大家還都很陌生,關於「知識管理」這個話題的書籍和資料也寥寥無幾,已有的書籍、課程多半都是關於具體方法和工具的介紹,比如心智圖、速記、溝通技能等。

可是,在參加很多培訓和課程之後,我反而更加困惑:**感覺學了很多東西,好像當時課上聽懂了,可是課後也沒怎麼用上,隔一段時間就都忘了。有沒有一種課程,是教你學習「怎麼學習」的呢?**

從那時候開始,我就從各個地方學習關於「怎麼學習」的知識,慢慢地把從不同領域獲取的資訊整合起來,嘗試改變自己的學習方式。

第一個轉折發生在 2010 年。在我開始寫日記的第三個月,自己感覺有點堅持不下去,因為似乎沒什麼用。這時候,我無意中看到班傑明・富蘭克林的傳記,其中有這樣一段:「富蘭克林要培養自己養成 13 項美德準則,採用『集中精力一次實踐一項,待一種習慣養成之後,再實

踐另一項』的方法。爲了監督自己，他每日自省，把美德要求和自己的行爲做比較，持之以恆。」

這個做法給我極大啓發。我一直困擾於學了新知識記不住，用不上。如果富蘭克林可以通過每天自省一個習慣來鍛練自己，我是否也可以用這個方法來掌握學習到的新知識呢？從此之後，我的日記開始變成每日的自省，後來又演化成我獨特的「晨修」工作，通過反思晨修，將學到的知識內化，形成戰鬥力。這是我對知識管理理解的入門，而這個過程也爲我打下重要的基本功。直到今天，這個習慣已經持續將近7年，而我從中受益良多。

第二個轉折是在2012年。在兩年多的反思晨修中，我逐漸發現一個問題：**我學到的知識越多，越覺得不對勁。雖然我掌握了很多方法，可是每項知識都是單獨解決特定問題的，有時候覺得有些方法之間似乎有些聯結又有些衝突，就好像幾股眞氣在體內互相衝撞、無法融合。**可是問題究竟是什麼，一直沒想明白，直到我看到查理‧蒙格的書《窮查理的普通常識》後，才茅塞頓開。蒙格提到的第一個關鍵原則就是：「如果你只是孤立地記住一些事物，試圖把它們硬湊起來，那你無法眞正理解任何事情……你必須依靠模型組成的框架來安排你的經驗。」

原來，過去看似複雜的知識和道理，可以通過基本的模型和框架來統一安排，而這些模型和框架，就是查理‧蒙格說的普世智慧。

受到查理‧蒙格的巨大啓發，我開始投入學習和構建自己框架系統的過程中，接下來的四年多時間裡，我慢慢地構建了自己對知識管理的

獨特認知。

在我看來，一切的學習和努力無非三個目標：一是**解釋問題**，二是**解決問題**，三是**預測問題**。應該說，沒有哪個人的學習會超過這個範疇，而評價學習是否有效的標準就很明確，那就是：**學習之後，你的行為或認知是否發生了改變**。如果你上了一年 MBA 課程，但回到公司之後，自己的管理方式完全沒有改變，那麼你的學習顯然是無效的。

所以，以這樣一個認知為基礎，我們對知識管理的理解也就清晰了：**知識管理就是透過對外部資訊進行加工，提高我們改變認知或行動的速度**。在這個理解基礎上再去看現在形形色色的學習方法和管理技巧，就能看出大家對知識管理的認識大概有三個層面。

第一個是**資料管理**。在這個層面上，我們所談論的知識管理比較像是具體的資料層面技巧。比如，下載的檔怎麼保存？學到的知識點怎麼歸類？如何快速搜索文件？如何給文件貼標籤？怎樣整理資料夾？在哪裡找到合適的書單等。

第二個是**資訊管理**。在這個層面上，我們關注的是怎樣更好地理解、消化和應用獲得的各個知識點。有很多非常有用的方法可以組織起來強化這一過程，比如：如何做讀書筆記？如何用心智圖增強理解？學習中精讀和泛讀的區別、行動學習法、刻意練習等。而能夠有效利用這些方法，也是一個學習者進階的標誌──能夠有效地把學到的知識用於解決問題。

第三個是**底層規律**。在這個層面上，我們關心的不僅僅是具體的方

法和技巧，更關心自己的認知深度：我們必須在大量具體知識積累的基礎上，形成更宏觀和抽象的理解，在深層次上掌握普遍規律，從而將之前學到的繁雜知識用一條線串起來，在具體知識之外找到新的答案，將有形化為無形，又將無形用於有形。

2012 年，我第一次使用查理‧蒙格提到的方法做了一次實驗，結果讓我十分震驚。

我應邀在一個學習型網站上開設個人知識管理課程。由於我自己既不是職業培訓師，也沒有什麼知名度，所以如何讓大家對我的課程感興趣並願意付費購買就成了一個難題。當時，我能夠呈現、行銷自己的地方主要是課程介紹頁面。換句話說，我需要在一個課程頁面內通過文案來行銷自己。而寫行銷文案是我此前完全沒有接觸過的事。

我並沒有著急去搜索「如何寫一篇行銷文案」這樣的技巧，而是第一次開始利用查理‧蒙格提到的方法：**深刻理解問題的本質，然後用能夠解決這些問題的規律去解決問題**。撰寫行銷文案，本質上是一個建立信任的過程，而關於建立信任這件事，心理學上就有很多方法來構建和增進認同。我找到心理學書籍中構建信任和認同的內容，並且以一個做行銷多年的朋友寫過的文案為參照範本，仔細分析其中用到的心理學原理，然後按照自己的理解，應用這些成果來寫我的文案。

我原本以為，自己這麼一位文案新手，第一次就得寫需要進行實際銷售的產品，而這個產品還是一個默默無聞的非職業培訓師的培訓課

程，難度也太大了，所以並沒有抱太大期望。但結果卻出乎我的意料，同期上線的那一批課程中，我的課程付費人數快速增長，不到三天，名額就全部售出，而當時還有其他老師的課程銷量爲零。甚至我的課程停止報名之後，還有用戶不斷諮詢怎樣能補報，爲了加塞還願意多出錢。

那是我第一次深刻感受到，**當我們掌握底層規律並以此分析問題時，即使是一個新手，也能瞬間超越衆多按部就班工作很久的「職業」專家。**這種經歷太奇妙了！

那次經歷成爲一個契機，我越來越常嘗試和應用這樣的方法，激勵自己不斷尋找解決問題的根本規律。我慢慢理解，爲什麼「少即是多」，爲什麼有些知識比另一些知識有更強大的力量。就是在這個過程中，我逐步形成「臨界知識」這一概念。這一概念衍生自查理‧蒙格的「普世智慧」，或者應該說，查理‧蒙格提到的普世智慧都屬於臨界知識，就算有些不那麼「普世」，但仍然能夠在一個專業或者較爲廣泛的領域中具有普遍指導意義，同樣具有臨界效應。因此，我將這些規律一併納入「臨界知識」的關注範圍中。

探索到知識管理底層規律這一層面時，我們對學習的理解就慢慢不一樣。過去我們認爲，學習主要是輸入和消化的過程：我們通過閱讀更多書籍，參加更多的課程和培訓，讓自己增加更多的輸入。而當我們理解了底層規律在知識管理體系中的價值後，學習就變成一個成長和創造的過程：**知識不再是一個個孤立的點，而是彼此聯繫、相互接觸，甚至在一次次的相互作用中，不斷產生新的啓發和認識。知識開始了自己的**

生長！

在我看來，只有讓自己對學習的理解達到這個層面，才能真正在學海無涯中找到一葉扁舟。在這個層次上，我常說，對於學習這件事情，自己是最好的老師。理解了底層規律，自己就是一個煉丹爐：外部輸入的東西，經過加工形成全新而又熟悉的認知；而反過來，這種認知又進一步增進你對外部輸入的理解，甚至可能會超出作者本身的認知來看問題。

可是，現在人們的學習大都集中在第一個層面，有一部分人達到了第二個層面。而在第三個層面上，至少我身邊認識的人中，真正融會貫通、把底層規律用到自己工作生活中的，屈指可數。學習改變底層認知，對每個人都有巨大意義和價值，在現實生活中也確實非常稀缺。我自己從中受益匪淺。如果能夠讓更多人從這個層面認識學習和知識管理，那無論對於個人的素養提升還是各行業高層次人才的儲備，都有積極意義。而這也成了我寫這本書的初衷之一。

「是什麼曾經拯救過你，你最好就用它來更好地拯救這個世界。」

我自己曾經在學習「學習」的過程中，有過太多困惑和迷茫，只能從不同角落裡收集隻言片語來咀嚼思考。然而，我發現我過去遇到的問題，到今天還有很多人在不斷經歷著，所以我把現在的一些感悟和認識分享出來，相信對大家提升自己的學習效能會有所啟發。

第二，寫這本書也是自我實現的一部分。我從 2007 年就開始不斷

尋找自己生命的熱情所在。後來發現，激勵我充滿熱情，每天積極生活的原因是：我享受這種激發別人潛能、幫助別人的成就感。2009 年，我第四次創業。當時，我在公司的一個重要角色就是激勵團隊成員的成長，這也是我的巨大熱情所在。在繁忙的工作步調中，我仍然盡量抽出時間準備各種單從實質回報上看「CP 值」極低的沙龍與課程：從在「第九課堂」進行個人知識管理的課程分享，再到在羅輯思維的「得到」App 上開設《成甲說書》節目。這些看似不相關的事情，其實都是來自我「享受激勵、幫助別人的成就感」這一原始動力。而這一點，也是我在生活中實踐黃金思維圈，從「why」出發的一部分。所以，這本書也是我對這種生活哲學的應用。

　　第三，寫書也是我的承諾和責任。促成我寫這本書的重要原因，是我生命中的重要導師：前中央電視臺記者組組長、現多角度沙龍聯盟主席徐金琪大哥。徐大哥亦師亦友。當年他參加我在「第九課堂」的個人知識管理課程，我們因此結緣；而他連續三次報名參加同一門課，後來又多次鼓勵和支持我將自己在知識管理中的認識集結成書。而在這個過程中，又有群眾募資出書的眾多認識或不認識的朋友們支援……大家的信任和支持，都是我寫這本書的動力。

　　從內容上說，本書共分四個部分，分別是「**知識管理與認知優勢**」「**掌握臨界知識的根本思維與方法**」「**發現和應用自己的臨界知識**」「**常見的核心臨界知識及其解釋和應用**」。

　　第一部分，我會介紹為什麼知識和知識是不一樣的，有些知識比其

他知識的威力更大。少數的知識能夠給我們帶來關鍵的影響，這就是臨界知識。

第二部分，對於學習臨界知識而言，首先要掌握的是底層思維和方法，其次才是具體的知識和技能。

第三部分，在掌握理念和方法的基礎上，回到核心問題：如何找到有價值的臨界知識並把它應用到生活中。

第四部分，每個人都應當有自己的框架來安排自己的臨界知識，當然，有一些臨界知識是通用的，我在介紹這些知識的同時也提供了應用的案例供大家參考。

我自己認為，這本書的特色在於：不同於傳統講學習或知識管理的書按照組織結構或者學習方法來講，我更多是注重底層方法、思考邏輯和案例呈現，希望用問題的結構而非資訊的結構來展開全書。在這個過程中，既有我對學習和知識是什麼的宏觀思考，也有實際應用的具體案例。這對不瞭解什麼是知識管理或者還看不到宏觀層面和根本認知的學習者而言，可能會有一個全新的視角去理解「學習」這件事情，甚至對已經有多年知識管理經驗的人而言，這本書也可以提供啟發和借鑒。

此外，在過去六年裡，我堅持每年閱讀不少於 100 本書，同時還保持每天兩小時反思晨修習慣。這對我理解知識管理的高效輸入有極大幫助。與此同時，我又是一個「好為人師」、不斷尋求在輸出中加深認識的人。從 2009 年開始我就組織「知行社」進行分享（2012 年停辦）；2012 年在「第九課堂」開設課程，學員評分的滿分為 10 分，而我的課

程平均評分高達 9.95 分，成為「第九課堂」評分最高的課程；再後來，我在羅輯思維「得到」上開設《成甲說書》，開始以每週一本書的高強度進行知識輸出。這些知識輸出的經驗，又讓我對理解知識管理核心要點有了更多認識。同時，我不是一個職業培訓師，並不靠知識管理培訓講課維生，因此我寫書和講課也不擔心洩漏課程核心內容。相反地，我一邊在自己的公司中大量實踐和改進我所講的方法，一邊期待看到更多人加入這一事業，一起推動我們對知識管理的進一步深入認識。我想，我的這些經歷和背景讓我能夠把學習「學習」這件事從不同的角度講清楚，並用實戰的方式讓大家理解。這種形式，能讓更多人有機會在生活、工作、創業中親身感受這一認知變化帶來的積極影響，就像我第一次用這個方法寫文案時感受到的神奇一樣。

最後，本書中提到的方法和理念並不一定適合每個人，畢竟方法本身也是基於價值觀的。比如「堅持小的習慣和努力，累積大的突變」「建構底層認知是理解複雜現象的關鍵，而底層認知本身要步步為營，偷不得懶」。這些價值觀和當今時代一些人追求一切「唯快不破」的想法是不一致的，尤其是希望在學習底層認知這件事上也要有速成法，這一點我是幫不上忙的。說來慚愧，我在「得到」上曾經上線過一期節目叫《如何工作三年獲得十年經驗》，題目本身就利用了這種「速成」心態，結果節目銷量頗佳。可是答案可能和追求速成的人想像得不一樣——堅持從底層思考，這樣的習慣培養訓練三年，你比有十年工作技巧的人成長得都快。從這點上說，全書也是一種速成法，一種以慢為快的速成法。

當然，本書也有局限。

首先，前面提到知識管理的三個層面，分別是數據、資訊和底層規律。這本書更多地討論了第三層面，第一、第二層面涉及的內容較少。

其次，對跨學科臨界知識的理解也有局限。畢竟我在學習「學習」這條路上探索也不過六年時間，對「臨界知識」的學習與思考也才三年。三年時間，我對這些跨學科的臨界知識從自己應用的角度進行粗淺的理解，可能會有偏差甚至錯誤，希望廣大讀者在閱讀過程中不吝賜教。

最後，無論如何，這本書是我將自己這一階段關於知識管理的所有認知，一次毫無保留的展示。也許因為我的能力、認知的局限，這本書還有很多不足的地方，但是請相信，我是用了十二分的認真和努力完成這本書的。10萬字初稿完成後，經過半年多時間，自己對知識管理又有了新的認識，加上編輯對初稿給出很多有價值的建議，我的第二稿10萬字幾乎全部重寫。

但是，正是這些努力和付出，讓我自己能夠找回自己：我不是在寫書，我是享受盡力幫助別人的樂趣與成就感。

今天，我「好為人師」的這一部分終於告一段落。至少我的用心，讓我可以安心入睡。剩下的工作，就是讀者的任務了。

如果這本書的內容對你有所啟發和幫助，請讓我知道。因為這將是我最大的成就。

【引言】

什麼是知識？
什麼是臨界知識？

在談臨界知識之前，先要弄清楚：什麼是知識？

我們學了很多年知識，但什麼是知識，似乎一下子說不清楚。比如：「回」字有四個寫法是知識嗎？朋友圈裡吐槽春晚的文章是知識嗎？羅輯思維「得到」App中的課程音頻是知識嗎？

這些內容是不是知識，答案可能見仁見智，不過有一點我們可以達成共識：它們都是資訊。

在我的定義裡，**只有能夠改變你行動的資訊才是知識**。也就是說，上述三條資訊是不是知識不是一個客觀存在，它取決於瞭解他的人能否使用這些資訊改變自己的行為，產生新的結果。

如果你讀了一篇文章之後點頭稱是，然後生活照舊，那麼這篇文章和其他所有類似文章一樣，都只是一個資訊。只有在你讀完一篇文章、瞭解一個觀點之後，受到啓發，改進了思考問題的方式或者做事的方

法，這個資訊才是知識。

　　換一種角度看，衡量你的學習是否有效的重要標準是：**學習之後，你解決問題的思考和方法是否得到改變**。如果你學習後和學習前，思考和行動都一樣，那麼顯然這樣的學習是無效的。「知乎」上的文章，如果你不去閱讀，它就只是一些資料；而當你閱讀了內容之後，它就成了資訊；但只有你知道如何改變你的行動，資訊才變成你的知識。

　　因此，本書對知識的定義就是：那些能夠改變你行動的資訊。

☑什麼是臨界知識？

　　但是，知識是不平等的。有些知識要比其他知識能夠更加深刻地改變我們的行為。比如，你知道從山頂上滾下的石頭速度會越來越快，因此你懂得利用這一資訊，當遇到土石流的時候就會往山體兩側跑，而不是試圖順著山谷與石頭比賽。

　　石頭會越滾越快，對你便是一個有用的知識。

　　不過，如果你懂得牛頓第二運動定律，你就不僅能夠解釋為什麼下落的物體速度越來越快，甚至有可能想辦法造出火箭。

　　像牛頓第二運動定律這樣能夠更廣泛、更普及地指導我們行動的重要而基本的規律，我稱為「臨界知識」。

　　臨界知識套用了核子物理學中的一個名詞：「臨界質量」。臨界質

量是指要產生核爆炸需要的裂變材料質量，只有突破這一臨界值，才能產生驚人的核爆炸。與此相似，有些知識也能夠發生裂變，可以對我們生活的許多面向進行指導。而當你儲備的臨界知識達到一定量的時候，就會產生驚人的威力。

身為一名旅遊景點景觀規劃設計的諮詢師和創業者，我要接觸各種人，尋找大量的資訊和資料，協助客戶更好地解決形形色色的問題。在不斷高強度解決問題的過程中，我逐漸發現，人們犯下的許多錯誤，往往源自漠視一些重要而基本的原則。而對這些原則的熟練應用，能讓我們在面對全新問題時有更精準的判斷，進而解決方式往往會比大多數人要好。這些重要而基本的原則便是可以發生裂變的臨界知識。此後，我對於如何發現這些臨界知識，並將其應用到生活中產生濃厚興趣。

我在探索這一主題的過程中慢慢發現，通過正確的訓練，我們能夠洞察一些原則，而通過對這些原則的應用，我們甚至能夠預測與控制未來，進而創造驚人結果。這並不是宣揚超能力的迷信，而是人情練達、洞明世事之後的智慧結果，我甚至還找到一位運用此方法取得巨大成就的模範榜樣：查理・蒙格。

查理・蒙格是「股神」巴菲特的合夥人，某種程度上甚至是巴菲特的導師。白手起家的他憑藉不斷總結那些重要而基本的原則——臨界知識（查理・蒙格稱之為「普世智慧」），成為對世界有影響力的億萬富翁。他本人也不斷向世人介紹此理念，在《窮查理的普通常識》中，甚至能夠找到他總結出來的模型與技巧。

　　然而，即使查理‧蒙格公布他關於臨界知識的「答案」，對我們而言也很難有直接幫助。**我們只有真正理解為什麼有些知識比其他知識的影響更有決定性作用，這些知識要在怎樣的場景裡才能發揮作用，才算得上掌握了一項臨界知識。**也只有訓練自己去發現和總結出屬於我們自己的臨界知識，才能讓這一能力對我們的生活產生巨大幫助。

　　如何發現和應用臨界知識，正是本書想要和大家分享的核心內容。

第一章

知識管理與認知優勢

知識是不平等的，有些知識比其他知識的威力更大。
少數的知識能夠給我們帶來關鍵的影響，這就是臨界知識。

在海量資訊即時獲取時代，
我們拚什麼？

　　我自己有這麼一個總結，中國過去 30 年的社會發展，從認知優勢的構建角度看，大概有三個階段：

第一階段：知識數量構建認知優勢

　　這個階段大概是從 20 世紀 90 年代到 2000 年左右。這一階段的特點是，市場從計劃經濟轉向市場經濟。在這個過程中，知識在商業競爭中的重要性越來越突顯。過去在制度轉型中憑藉大膽「下海」獲得紅利的企業家，在市場逐步規範的過程中漸漸隱退。而 90 年代到 2000 年，大學生是非常吃香的人才，學院派加入市場進一步提升了企業競爭對知識的需求。代表性事件是這一階段各種諮詢企業、廣告公司等知識密集型行業蓬勃發展。

第二階段：知識獲取速度構建認知優勢

從 2000 年開始差不多持續到現在，是知識獲取速度構建認知優勢的時代。在這一階段，國內互聯網日新月異的發展打破了知識獲取範圍的邊界，過去在少數圈子裡傳播的專業知識，現在可以非常方便地被我們獲取。因此，知識數量構建的優勢被瓦解；相反地，以更快速度獲得最新知識，成為新的競爭優勢來源。

由於互聯網行業被改造得最徹底，這一情形在互聯網中的表現也最典型。在 2000 年之後的相當長時間裡，中國互聯網發展基本上就是越來越快地學習國外產品的過程：從入口網站開始，到搜尋引擎、SNS（社交網路服務）、微博、線上視頻的發展，無一不是如此。其中典型代表就是現任美團網首席執行長王興，他的校內網、飯否和美團，無一不是第一時間引入美國快速興起的產品，Facebook、Twitter、Groupon（美國團購網鼻祖）。這種依靠知識獲取速度構建的優勢，成為知識改變命運的重要力量。

第三階段：知識深度構建認知優勢

第三個階段，是我認為現在可能已經慢慢到來的、知識深度帶來認知優勢的時代。隨著移動互聯網的發展以及像 TED（一家致力於傳播創意的非營利機構）、譯言網、智慧網頁翻譯技術的發展，國外新的思想理念引入國內的速度大大提升；同時眾多行業的媒體在激烈競爭中，基本上都把報導國際最新發展動態作為基礎內容，使得優先獲得國外資

訊這一方法帶來的先發優勢越來越弱化。比如，在羅輯思維旗下的音頻 App「得到」上面，你可以只花 199 元訂閱《前哨·王煜全》，第一時間獲得過去只有少數人才瞭解的全球科技創新風口；或者訂閱萬維鋼的《精英日課》，把西方經濟、社會、科技、哲學界思想的新突破第一時間收入囊中。這種以極低成本獲取第一時間資訊的現象，使得速度優勢被極大瓦解。

在這種情況下，很多產品和創業方向可能會越來越同質化，對熱點、風口的追逐也越來越密集。這也是近年來所謂的「風口」轉換速度越來越快，而每次風口的能量也越來越大的一個重要原因。於是，在知識數量相似和知識獲取速度相似的情況下，我們的產品和策略能否在競爭中脫穎而出，可能越來越取決於**知識的深度**。

對同一個產品和專案，理解的深度不同決定了結果的不同。王興的美團能夠在千團大戰中勝出，不僅僅是因為他第一時間看準了團購這個方向；更重要的是，他在眾多競爭者中是看得最深刻的。介紹王興創業十年經歷的書籍《九敗一勝》提到，當其他團購網站在大打廣告戰的時候，美團王興堅持不加入廣告大戰，而是堅信決定團購事業的關鍵是：高效率、低成本；高科技，低毛利。他把別人用於廣告的錢，投入系統開發和效率提升。最後美團的勝出成就了「新美大」這個互聯網新巨頭，可以說是知識深度的勝利。

有意思的是，美團在千團大戰中脫穎而出後，王興說了這麼一句話：「多數人為了逃避真正的思考願意做任何事情。」

　　我們都對「知識改變命運」耳熟能詳，然而**改變命運的不再是知識數量這一維度，更重要的是認知的深度**。在知識大爆炸的時代，我們必須對知識進行管理，而管理知識最重要的並不是大多數人以為的對知識進行收集、分類、保存。知識管理的核心實際是通過管理知識提升我們的認知深度，進而改變我們的行為模式。因此，對我們最重要的問題便是：如何提升我們的認知深度？

如何提升認知深度？

　　怎樣才能提升認知深度？要回答這個問題，首先要弄明白：什麼才算深度認知？

　　讓我們先看幾個例子。比如，有人問：「爲什麼北京房價那麼高？」有兩種答案。第一種回答：「都是炒房團搞的！」第二種回答：「北京的土地供應稀缺，而高購買力人群又過度集中，所以推高了價格。」

　　再比如，有人問：「怎麼增加團隊的認同感？」第一種回答：「主管要經常開會強調！」第二種回答：「人的認同感來自全力以赴完成一個共同的目標，其中付出努力的程度以及共同參與的儀式感都很重要。」

　　這些回答裡，你有沒有發現第二種回答似乎比第一種回答更有深度？如果把第二種回答稱爲有深度的回答，那麼第一種回答就可以稱爲簡單的回答。這兩者有什麼差別呢？在我看來，至少有以下三方面的差別：

　　1. 從形式上看，簡單的回答往往是對具體的問題或事情本身做出回

答；而深度回答卻是在分析具體現象之後找出抽象定律。

2. 從回答的思考方式看，簡單的答案往往是根據自己的直觀感受、情緒與經驗做出回答；而有深度的答案往往依託於有實驗驗證或者資料分析支持的結論。

3. 從答案的效果上看，簡單的答案往往只能用於解決一個特定的問題；而有深度的答案能夠更普遍地解決類似問題，啟發我們由此及彼、由表及裡地思考問題。

所以，**有深度的認知能力是這樣的：在分析問題的時候，能夠跳出問題本身思考更普遍的情況；在尋求答案的時候，能夠根據理由可信度判斷是否接受這個結論。**

理解了什麼是深度認知，讓我們再進一步思考：通過深度認知得出結論，往往能解釋相似情境中的很多問題。在這些結論中，有些結論經過了更為廣泛長期的驗證，也在更普遍的領域具有指導意義和應用價值。那麼，這些結論就是我們說的**臨界知識**。

所謂「臨界知識」，便是**我們經過深度思考後，發現的具有普遍指導意義的規律或定律**。掌握臨界知識，我們便能開啟學習的「少即是多」「四兩撥千斤」模式，從而極大地提升學習效率。

爲什麼大多數人的
學習層次上不去？

　　提高學習效率，可能是每個讀書人都在追求的。可是能不能很好地
做到，就是另一碼事了。關於這個問題，讓我們先看一個典型的案例。

　　2015 年突然冒出來一個行銷公眾號①，叫「李叫獸」。他的文章如
〈爲什麼你會寫自嗨型文案？〉〈做市場的人，不一定知道什麼才是「市
場」〉〈爲什麼你有十年經驗，但成不了專家？〉等，在朋友圈傳播極
廣，每分鐘閱讀量超過 10 萬。

　　如果只是傳播廣也就罷了，可他的每篇文章還都很有深度，很多做
了多年行銷的從業人員也在認眞研讀。最讓人吃驚的是，作者是個 90
後！

　　我第一次看到的李叫獸出品的文章是〈爲什麼你會寫自嗨型文
案？〉。當時看了這篇文章後的第一個反應是：「小馬宋的文章怎麼沒
火？」因爲此前小馬宋講過同一個原理，他用的不是「自嗨型文案」這
個措辭，而是更有視覺衝擊力的一個詞：「鑲金邊的狗屎」。爲什麼講

---

①：類似 Facebook 的粉絲專頁，但功能比 Facebook 的專頁更強大，例如消息管理，群發
　　信息，用戶管理，數據分析，投票系統等。

同一個概念，李叫獸的文章會更火爆？我就查了一下作者的背景。結果我發現，李叫獸，本名李靖，2010 年才參加高考，考入武漢大學市場行銷專業，2014 年大學畢業。大學本科學習的市場行銷知識，多數人畢業後是沒法直接運用到工作中的，可是李叫獸 2015 年就開始給行銷工作多年的「老司機」指路了。

這也太不可思議了！你想想，同樣是混行銷圈的達人，羅輯思維創意顧問小馬宋老師也挺有名了，可是小馬宋老師是 70 後啊，而且人家是從報紙開始到 4A（美國廣告代理協會）廣告公司一路幹過來的。小馬宋老師比咱牛，那是應該的，可是剛畢業的 90 後就比咱厲害，和誰講理去呢？

☑ 問題出在哪裡？

如果我們關心為什麼李叫獸能夠快速成功，倒不如問一個更加普遍的問題：**為什麼大多數人的學習層次上不去？**

為什麼那些在行銷行業工作了十來年的「老司機」，會說一個 90 後的專業文章好呢？問題出在哪裡呢？

在我看來，問題不是我們不夠努力，不是我們不夠聰明，而是我們的努力有一個重大的誤區。我們一直把時間花在想辦法提升「技術效率」上，而忽略了真正重要的「認知效率」。

什麼是「技術效率」？什麼是「認知效率」？

讓我們先看看，李叫獸的文章究竟講了什麼。以〈為什麼你會寫自嗨型文案？〉為例，文章定義了兩種類型的文案：X 型與 Y 型。

李叫獸認為，X 型文案是指把本來平實無華的表達寫得更加有修辭，用詞對稱，詞彙高級。比如把「工作辛苦，不如去旅行」這個簡單的表達寫成「樂享生活，暢意人生」。而 Y 型文案不一樣，其文案往往並不華麗，有時甚至只不過是簡單地描繪出用戶心中的情境。比如，同樣表達「工作辛苦，不如去旅行」，Y 型文案會寫成：「你寫 PPT 時，阿拉斯加的鱈魚正躍出水面；你看報表時，梅裡雪山的金絲猴剛好爬上樹尖；你擠進地鐵時，西藏的山鷹一直盤旋雲端；你在會議中吵架時，尼泊爾的背包客一起端起酒杯坐在火堆旁。有一些穿高跟鞋走不到的路，有一些噴著香水聞不到的空氣，有一些在辦公室裡永遠遇不見的人。」

李叫獸這篇文章在結語處告訴我們：「有些人寫文案是為了感動自己，而優秀的文案是感動用戶。」

看完文章，很多人瘋了：「哇！說得太棒了！」「太深刻了。」李叫獸在他的年終總結裡還專門引用過一個用戶對這篇文章的評論：「振聾發聵！！此文對品牌和廣告業的典型意義幾乎是里程碑式的，值得一讀再讀，接著反復讀！」

用戶評價如此高，當然是因為大家從中受益了。不過這個問題真的是里程碑式的，第一次被李叫獸發現的嗎？其實，關於這個問題，此前

有無數人討論過。比如在奧美創始人奧格威的經典著作《一個廣告人的自白》中，奧格威就說過：「不要用最高級形容詞、一般化字眼和陳詞濫調。講事實，但要把事實講得引人入勝。」

再比如，另一個廣告界達人克勞德‧霍普金斯也說過：「高雅的文字對廣告是明顯的不利因素。精雕細刻的筆法也如此。它們喧賓奪主地把對廣告主題的注意力攫走了。」70 年前的聲音，換個說法，放在今天仍然是閱讀量超過十萬的微信公眾號。

事實上，任何一個廣告／文案從業人員都知道洞察與言之有物是最最基本的入門準則。但是，我們看到李叫獸的文章，仍然像發現新大陸一樣，為什麼？

想一想，下面我列舉的概念你是不是都知道？市場均衡、使用者視角、看不見的手、認知偏差、複利效應、邊際成本、規模效應……

然後呢？你每天的工作生活裡是只有看到它們時才能想起它們，還是你遇到問題時它們就會主動出來？如果你真的明白使用者視角，那麼對於李叫獸、奧格威和霍普金斯說的，你就都不會覺得意外，他們只是在印證一個你知道的道理罷了。

但是，對大多數人而言，我們知道的，只是我們以為自己知道了。

✅ 老鼠賽道和快車道

我們買來專業經典著作，報名參加培訓，參加行業沙龍，向經理學習業務知識，給客戶分析專業知識，掌握了 PowerPoint 2016 的最新功能。我們努力學會了越來越多的業務套路，對我們的工作越來越駕輕就熟，但也有越來越多的新問題湧入：我們需要繼續看新的書籍、新的文章，學習新的軟體、新的套路。

如果我們的學習是在不斷掌握應對具體工作場景和問題的方法，那就是在努力提升技術效率。在這種模式下，我們遇到每個新問題都要學習新知識。

如果我們的學習是在瞭解問題本質，瞭解解決方案的底層規律，能夠讓我們認清楚問題表像背後的實質，那我們就是在提升認知效率。 在這種模式下，我們會發現，很多看似全新的問題，其實只不過是狡猾的舊問題換了一身裝扮再次出現而已，就像自嗨型文案只是換了一個說法的基本道理而已。

然而，我們大多數人的學習層次一直無法提升，就是因為我們掉進了追逐技術效率的遊戲圈套：我們越努力，跑得越快，要學習的新知識就越多。而這，讓我們陷入了學習的「老鼠賽道」。在老鼠賽道中，我們看起來一直在努力，可是其實是在原地打轉。

要想從老鼠賽道中跳出來，我們就要努力提升認知效率；而要提升認知效率，就要找到撬動效能的槓桿點——**臨界知識**。20%的知識比

80％的知識更有用，我們要做的是花 80％的時間，用在這 20％的關鍵問題上，而不是平均地把時間花在各種知識上。

可是問題來了：我們在工作、生活中究竟該學習什麼知識，才能提升認知深度和認知效率呢？

到底哪些知識值得學？

　　學知識是不是越多越好？這個問題並不好回答。不過，我覺得前一段時間有一個熱門詞和這個問題密切相關，那就是：「斜槓青年」。

　　「斜槓」這個詞來自英文「slash」，是《紐約時報》專欄作家瑪希·艾波赫撰寫的書籍《雙重職業》（*One Person ／ Multiple Careers*）中提出的概念，意思是擁有多重職業和身分的多元生活的人群，他們可能有份朝九晚五的工作，而在工作之餘會利用才藝優勢做一些喜歡的事情，並獲得額外收入。例如，小王，記者／歌手／攝影師，就是典型的斜槓青年。《第一財經日報》為此還專門發文介紹了一個斜槓青年，文章題目叫〈身兼八職的女「斜槓」：一個活經常能賺到一年的錢〉。

　　成為斜槓青年，意味著「自己有能力賺多份錢」，所以這個身分特別受剛入職場的年輕人青睞。在互動百科裡，關於「斜槓青年」的詞條引用了這樣的調查資料：「在對中國國內 18 ～ 25 歲人群的調查中，有 82.6%的年輕人想成為斜槓青年。」有八成多的年輕人想成為斜槓青年，這真是一個激勵人心的數字啊！

　　可是，怎麼樣才能成為一個斜槓青年呢？

☑ 斜槓等於兼職？

　　我翻了一遍網上關於斜槓青年的介紹，在大多數報導裡，成為斜槓青年的方式是兼職。比如《北京晚報》介紹斜槓青年的案例是，一個做會計的姑娘，平常喜歡花藝，某次去到一間飯店看到婚慶公司在布置婚禮現場，和工作人員聊了之後發現那邊缺花藝師，她就成了兼職的婚慶花藝師。後來又有人介紹她寫劇本賺外快，她就學習寫劇本，又接了兼職劇作家的工作。所以她就成了斜槓青年典範：會計／花藝師／劇作家。

　　這讓我想起上大學時，雖然沒有「斜槓青年」這個詞，但是有一個好朋友放在今天應該完全是斜槓青年的標準。他在學校旁邊租公寓做日租房，還在校園代理售賣行動電話充值卡，同時也在學校推銷銀行的信用卡。我記得有一次，他被邀請去一個活動演講，他的自我介紹內容包括：目前經營業務橫跨房地產、通信和金融三大領域。放到今天，這個朋友應該是斜槓青年了吧？

　　可是，如果有多個兼職就算斜槓青年的話，我覺得他們都比不過我們村裡東頭的王大爺。王大爺，更確切地說，應該是斜槓老年：搬運工／瓦工／燒炭工／除草匠／街頭棋手／警衛／清潔工……如果有必要，我還能列舉出大爺更多的斜槓。

　　如果我們把追求多元的職業體驗／兼職收入做為成為斜槓青年的努力方向的話，我覺得這可能會是很多人的大坑。

　　有人可能會不同意我的說法：嘗試各種職業，既能學到各種知識

開闊眼界，又能鍛鍊自己的能力，還能增加收入，有什麼不好呢？而且你看人家特斯拉的老總伊隆．馬斯克就是一個斜槓青年啊！他既是工程師、慈善家，又創立了特斯拉、支付巨頭 PayPal、太空探索公司 SpaceX，還有研發家用太陽能發電產品的 SolarCity 等四家不同類型的企業，你能說斜槓青年不對嗎？

呃，你說的都對，但是我不同意，為什麼呢？

在有多個兼職的情況下，所謂的學習知識、鍛鍊能力，增加的往往只是一個「能力假象」罷了。你更多的只是經歷了一下而已，認知深度並沒有明顯增加。

我承認，對於沒怎麼接觸過社會的人而言，接觸一下社會各行業是有好處的，畢竟直接的生活經驗很重要。但是，正如十隻麻雀在一起也比不上一隻雄鷹，多元的經歷如果不能幫助我們提升認知深度，從長期來看，那也是低效的。我並不是反對成為斜槓青年，我只是說，我們因果倒置了。斜槓青年應該更加深入探索，而不是簡單追求多元的結果。

✅ 斜槓是結果，不是原因

如果盲目地要做斜槓青年，東學一點、西學一點，追求所謂的多元生活，那我們很可能在追求成功的路上繞了一個大彎。

想一想，在今天這個人才高度流動、社會分工不斷細化的時代，競

爭越來越激烈，你必須在一個領域做到極致，對它的認識足夠深刻，才有可能獲得真正的話語權。不明白這一點，盲目追求多元學習，兼職變現，表面上看是在提升能力，其實都是膚淺地拿時間直接變現而已。在這一點上，我們和村裡兼職的王大爺沒有一點差別。你說他又幹保安、又幹保潔，難道就沒有增長能力嗎？可是，這樣的能力認知變現水準，又能有多高呢？

做為受過高等教育的青年，你把寶貴的時間用在膚淺的兼職變現上，那並不是多元與提升能力，只不過是自己控制不住虛榮心和金錢誘惑罷了。事實上，很多事情表面看是好事，往深裡想，可能是壞事。

以斜槓青年的代表馬斯克為例。表面上看，馬斯克是跨界從事了多元的領域，但實質上，這是馬斯克看問題看得足夠深刻的結果。他其實沒有認為自己在跨界，他是比別人都能更深刻地看到他做事情背後的規律：用最基礎的原理來改變一個行業。因為馬斯克有了這種認知深度做為前提，我們才能見到看起來風馬牛不相及的 SpaceX 和特斯拉均由同一人創辦。事實上，在馬斯克眼裡，它們都是同一回事。

想想我們上文提到的 90 後網紅李叫獸吧。如果他也單純追求斜槓，早早做各種兼職，你覺得他會有今天的成就嗎？換個角度看，正是李叫獸的專注、不斷提升認知深度才造就了他今天的成就，反而讓他有了斜槓身分：培訓師／諮詢師／企業家／網紅。

你看出這兩者的差別了嗎？

斜槓是提升認知深度的結果，而不是追求多元的結果。

☑ 一個人，活成一支隊伍

你可能會覺得：哦，這麼說我還是心無旁騖、專心學習專業知識好了，其他的事情我就不管了，我要專注到極致。如果你這麼理解，那又錯了。

提升認知深度，不是僅僅學習專業領域知識就可以，相反，你要多元跨界。

啊？等等，剛才你不是反對多元跨界嗎？怎麼一轉眼又變了？

別誤會，我沒有反對多元，我反對的是盲目的多元。我說的多元跨界，是指：一個人，活成一支隊伍。

這句話，我最早是從羅輯思維「得到」的主編孫筱穎那裡聽來的。筱穎是我在羅輯思維「得到」App 裡《成甲說書》節目的主編，也是萬維鋼《精英日課》的主編。這姑娘雷厲風行，常常凌晨三四點還在給我回郵件。我想，這可能就是由她負責身在美國的萬維鋼節目的原因——不用調時差。

如果沒有和羅輯思維「得到」合作過，你就不會知道這個團隊的人工作起來有多癲狂。人少，工作多，要求高。看來，這不僅僅是我們設計行業的痛苦，也是「得到」團隊工作的真實寫照。

可是，在我看來很多無法完成的工作，筱穎都出色地完成了。用她的話說就是：「在這裡，我們必須一個人活成一支隊伍。」

筱穎這一個人，活成了什麼樣的隊伍呢？她一個人要負責主題策

劃、音頻錄製、音頻剪輯、內容審核、留言審查、新作者挖掘、舊作者維護、新內容開發、宣傳文案策劃……當她全力投入，把一個人活成一個能夠隨時完成「偵察」「設伏」「狙擊」「圍點打援」各項能力的隊伍之後，她自然就成了斜槓青年。

所以，想要做到極致，不是說只學某個專業的知識就夠了，也不是簡單地這也學學、那也學學，而是要**學習與解決某一類問題相關的所有核心能力**。這一點，一定是突破專業限制的。

我們所謂的專業，比如市場行銷、法律、政治、歷史、文學，其實只是人為製造的分類標籤罷了，但是，這個世界並不是按照你劃分的標籤在各個專業之內單獨運行的。一個市場行銷的問題，背後往往涉及法律、政治、歷史和文化的因素。可是我們所謂的專業，並不管這些：你學好 4P（產品、價格、管道、促銷）、市場細分等概念，就可以畢業了。這種認識，會極大地阻礙我們學習真正應該學的知識。

我的公眾號裡，有一個叫「安」的網友留言說：「很多人不理解地跟我說：你一個創業狗，不好好跑你的客戶，做你的技術，學什麼『認知革命』？我要把你的文章轉到朋友圈，給予他們有力的回答！」

安所遭遇到的身邊人的不理解，恰恰反映我們大多數人的認知現狀：我們被標籤框定了自己的可能性。因而，學習就學習標籤內的東西。

我想說的是：在這個世界上，想要做到極致，恰恰要學習「無用之用」！

無用之用，方為大用。

✅ 哪些「無用」對你有用？

英國有一家保險公司，要在非洲的熱帶平原上修建一座辦公室。在這個氣溫白天高達攝氏 40 度而晚上可以下降到攝氏 5 度以下的地方，公司對建築設計師提出的要求是：建築外貌迷人、功能一應俱全，但是不准使用空調設備！

在熱帶建辦公室不允許用空調？

這個問題對於絕大多數專業建築師而言都幾乎是不可能做到的事情。但是，建築業的解決方案最終來自生態學。一個懂生態學的建築師聯想到了熱帶地區的白蟻，能夠常年將蟻穴溫度精確地控制在攝氏 30 度上下。結果，他不僅完成這個建築任務，還開創了建設設計的全新領域「自然擬態工程」，成為這個領域的佼佼者。所以，想要做到極致，恰恰要學習「無用之用」。

你可能會困惑：「無用」的事情那麼多，我到底應該學習哪些無用的知識呢？

在我看來，各種表面上看起來「無用」的不相干知識，最後在底層都會聯繫起來。而一旦你理解了這一點，就找到了知識一通百通的突破口。比如，你對歷史感興趣，一定會研究到地理和人類文化；而研究人類文化，就一定會進入心理學和傳播學的領域；而如果你對外語感興趣，也會從語法學習延伸到研究語言產生、文化變遷等。**一旦你的研究深度達到底層規律的層面，表面上看起來不相干的問題都會在底層盤根錯節**

地聯繫起來。而將這些「不相干」的事情聯繫起來的，正是我們說的「臨界知識」。

　　如果從這個角度理解能力，我們一生就需要學習三個級別的課程：（1）公共基礎課：執行能力；（2）專業必修課：專業能力；（3）通用必修課：結構能力。

　　所謂**公共基礎課**，就是我們每個人每天用到的執行能力，比如時間管理、資料保存、商務禮儀、溝通談判等。市面上有海量的書籍在介紹這些知識，我們學習和掌握起來都比較方便。在這個層面，我們的學習就好像士兵訓練踢正步、瞄準和射擊這樣的軍事基礎技術一樣。

　　而**專業必修課**，就是我們所選定的專業方向。正如前面說的，這個專業不是指學校劃分的專業，而是指能夠打完整戰役、解決系統問題的能力。在這個領域裡，你要跨學科地思考、解決問題，一個人活成一支隊伍。而這種系統解決問題的知識往往是內隱的，需要我們在不斷實踐、思考的過程中，領悟到跨領域知識交匯的微妙之處，從而靈活地把多個學科之間的知識隨時調用，打贏一場戰役。在這個階段，我們的思想認知更像是一個指揮官：精準恰當地調動步兵、炮兵、空軍、坦克、偵察兵和狙擊手，讓他們在正確時機，出現在正確位置，勝利完成任務。

　　而**通用必修課**，就是要掌握臨界知識，認知事物更加底層的結構與規律。我們經營的領域是如何產生的？影響這個領域發展的基本動力是什麼？有哪些規律會普遍地影響這些事物？這就像在深刻理解一場戰役為什麼爆發，會以什麼樣的脈絡發展，其中起決定作用的因素究竟是什

麼一樣。

我認為這是每個人都應訓練的通用必修能力，可市面上相關的書卻非常罕見。我們人為劃分的專業課程也不講這些內容。既然沒有，那就自己寫一點吧，這也是我寫這本書的動力。

從臨界知識的角度再看我們該學哪些知識，就會發現：**這些看起來「無用」的知識，可能會在戰略層面上為我們發揮「大用」**。

我自己從這種訓練中受益良多。前一段時間，有一家上市公司請了各個領域的專家，為他們集團公司新的業務板塊發展提供諮詢，我也應邀在列。參加這個會議的專家很多都有很大的名頭，國人皆知的幾家大公司的領導也都在。當主辦方發言人介紹完專案背景和具體專案情況之後，大家就對這個專案的具體發展提出各種意見：關於政策支援的、基礎工程的、行銷整合的，等等。在我看來，這些專家的意見更多集中在他們自己熟悉的專業領域，正所謂：拿著錘子的人，看所有的問題都是釘子。因為熟悉一個領域，所以解決方案都來自他熟悉的領域。

輪到我發言的時候，我沒有直接談我的想法，而是先後自問自答了三個問題：（1）集團為什麼要進入這個新業務板塊？初始動機和商業模式構想是什麼？（2）這種構想要實現，最關鍵的影響因素是什麼？推動這一目標的結構動力是什麼？（3）現在的態勢與我們的關鍵目標是否匹配？從內部構架到用戶需求之間要做哪些工作？發展的節奏是什麼？

　　會議結束後，我正準備離開，集團董事長上前叫住我，當下決定邀請我們公司與他們合作，為他們提供諮詢和規劃服務。

　　其實，我在會上所說的內容，只是我認為分析任何一個戰略格局都需要思考的基本問題而已。可是我們卻很容易陷入自己所謂的「專業」和標籤裡面，忘記了最基本的規律。所以我堅信：**掌握臨界知識，深刻理解底層通用規律，是每個人都應該學習的必修課。**這對每個人都有巨大的價值。

　　這個例子也回答了我這一小節的主旨：我們應該學什麼？

　　執行能力、專業能力和結構能力都應該學。但是，我們大多數人投入 80％ 的時間學習執行能力，投入 20％ 的時間不完全地學習專業能力，而幾乎沒有投入時間提升結構能力。然而，二八定律告訴我們：20％ 的知識決定 80％ 的結果，你應該把更多時間用在結構能力和專業能力的學習上，透過掌握臨界知識做到遊刃有餘。

　　不過，如果我們下決心學習臨界知識，具體該怎麼操作呢？

　　先從學習的基礎工具：底層思維和方法說起。

第二章

掌握臨界知識的
底層思維與方法

對於學習臨界知識而言，
首先要掌握的是底層思維和方法，
其次才是具體的知識和技能。

跳出「低等勤奮陷阱」

要學習臨界知識，就要從具體的知識輸入開始。讀書，自然是最基本而又重要的方式。可是為什麼我們很多人讀了很多書，也沒有發現和掌握臨界知識呢？在我看來，一個很可能的原因是：**我們的讀書方法有問題。**

✅ 低等勤奮陷阱：畫線、抄筆記，不會讓你卓越

過去，我也讀過不少書，可是這些書現在再拿出來看的時候，我發現基本是白讀了。今天能從書中看到的價值，過去看不到；過去在書中看到的東西，今天記不得。可是，我過去讀書真的很勤奮，為自己制訂年度讀書計畫——一年要讀完 100 本書，為此安排每天至少要讀完 20 頁，哪怕已經很累很睏，為了完成目標，都要在床前讀完書。兩年來，

我讀了 200 多本書。

我不是說這段讀書經歷沒用，而是現在回想，我覺得痛心、可惜。付出這麼多時間和精力，獲得的卻是不成比例的收穫。那時，我陷入了「低等勤奮陷阱」。

當然，我們在今天讀同一本書和過去相比看到了不同的內容，可能與我們的經驗和閱歷發生變化有關。可是，我更加清楚：如果能夠重來一次，在過去的兩年裡採用新的讀書方法，即使閱歷沒有變化，我也能只花一半的時間就獲得翻倍的收穫，就像我現在做的一樣。

那麼，為什麼我會陷入「低等勤奮陷阱」？又是如何跳出來的呢？我掉入陷阱最直接的原因是：讀書的方法太原始。

從上學開始，老師教給我們的讀書方法似乎就是：把一本書從頭讀到尾，遇到有啟發的句子就畫線或者抄筆記。我們讀書的過程就是不斷記錄新知識的過程。

可那些抄記下來的名言警句，讓我深刻地理解了什麼是**聽過無數大道理，卻仍然過不好這一生**。

在原始方法的基礎上進行努力，就是低等的勤奮。

✅ 讀書方法的升級：在新舊知識間建立聯繫

可怕的是，我一直都不知道自己讀書的方法是低效落後的。我以為

讀完書記不住，是我記憶力的問題。而且，我發現身邊的朋友基本上也都是這樣的情況。大家說：讀書之後都忘掉是正常的，我們把知識內化成能力了。

現在看來，這個結論多麼荒謬：我記不住書中的每個字不要緊，可是我連書裡說了什麼也記不得啊！我連自己讀了什麼都不記得，還能內化成能力？

事實上，內化成能力的知識，是最忘不掉的。那麼，為什麼傳統的讀書方法是低效的呢？原因很簡單：**閱讀＋畫線、摘抄的讀書方法是把一本書拆分成了一個個孤立的知識點**。在這種方法的引導下，我們讀書的目的，就成了理解和記住這些孤立的知識點。而理解和記憶一個個孤立的資訊，可不是我們大腦擅長的高效行為。

事實上，大腦的記憶，靠的是將資訊與舊經驗聯繫起來。英國萊斯特大學曾做過一個實驗來研究人們如何記住事情：他們讓實驗對象觀看一些名人的照片，比如成龍、張信哲、劉德華，然後監測他們大腦中哪些神經細胞受到刺激，然後再把這些名人在不同地方的照片拿給測試者觀看。科學家發現，當實驗對象看到同一個人出現在另一張照片裡的時候，相同的神經細胞會受到刺激。也就是說，我們的大腦在看到新照片時，沒有為它單獨開闢空間，而是調用以前的回憶，形成新的記憶。換句話說，**我們記住新知識更好的辦法，是和已有的知識進行聯繫**。

將這一原理應用到極致的是記憶宮殿法。記憶宮殿法，可能是目前人類發明的最為強大的記憶方法。它的基本原理是，構想一個我們熟悉

的場景，把需要記憶的事情放到已經熟悉的場景當中。比如，你想記住「B6」，最好的辦法不是直接背「B6」，而是運用生物本能，想像一位胸部豐滿（像 B）、有 6 塊腹肌的美女。前陣子播出的英國電視劇《新世紀福爾摩斯》裡，福爾摩斯就是靠記憶宮殿訓練自己超強的記憶力。

當然，讀書並不等於背書，然而大腦這種透過已有知識學習新知識的特性，除了能夠幫助我們記憶之外，還有一個更重要的作用：我們可以**將新舊知識構建成知識網路**。透過在新舊知識間建立聯繫網，我們便能夠從不同角度和領域對同一個知識進行分析，從而加深我們的理解和認識。

由此，我們可以看到原始的讀書方法是：花很多時間去閱讀一本新書，去記錄新的名言警句，卻從不花時間去加工這些資訊，將其和已有的知識建立聯繫。我們看似節省很多加工整合的時間和精力，以便能夠讀更多的新書，但卻是買櫝還珠，撿了芝麻丟了西瓜，把最有價值的工作放棄了。

✓ 放慢速度，讓讀書事半功倍

讀書一定要花時間、耐心和思考力，將獲得的新知識和已有的知識進行網路狀的聯繫。在這個過程中，我們才有可能內化知識，形成新行為的暗示。

　　於是，我讀書不再追求速度；相反地，我會**刻意放慢速度**，花時間記錄讀書筆記——不是僅僅摘記名言，而是描述讀書後受啟發的內容，這些啟發和我過去的哪些經驗相關。在記錄和尋找新舊知識之間聯繫的過程中，我常會驚喜地發現一些過去不曾注意的規律，也發現很多能夠直接改進工作方法的辦法。我的讀書成效進入了一種產生複利效應的狀態。也就是說，我讀過的所有書都將為我未來獲取新的知識提供幫助。

　　為什麼這個簡單的讀書方法卻很少有人踐行？或許是因為我們大腦的習慣是尋求新刺激，快速把書讀完……我們都希望讀完書獲得新知識，因此不斷快步向前去獲取更多、更多……

　　但古人早就說過：「溫故而知新，可以為師矣。」

✅ 從讀書到發現臨界知識

　　那麼，讀書時將新知識和哪些已有的知識進行聯繫會更有成效呢？

　　答案便是那些在生活中各個領域起基本而重要作用的規律，也就是本書提到的臨界知識。**每一種臨界知識，都是我們思考問題、認識世界的重要工具。因此，這些臨界知識可以頻繁地應用於不同的領域和場景裡。**

　　經常閱讀我的公眾號文章的讀者會發現，我常常在不同的文章中討論不同問題時會運用到複利、機率論、邊際收益等概念與模型。這其實

就是我在思考問題的時候，有意識地和已有的模型進行聯繫，看看它們背後是不是有關聯。這樣思考，常常會發現過去沒看到的規律。

因此，現在的我在讀書時既不追求數量，也不要求讀完。我的做法是：**當我要解決某個問題的時候，主動去尋找可能會討論這個問題的文章和書籍，去觀察作者用什麼樣的思路解決問題？在這個解決方案背後，是否有我熟悉的知識？我還能把這個解決方案的原理，應用在什麼領域？**

當把這些問題想明白之後，可能我並沒有讀完一本書，但是我對這個問題的理解和認識，比讀完 10 遍書的人都要深入。這種狀態，呈現出來便是舉一反三的能力。在別人眼裡，你更容易用跨界的知識解決問題。因此讀書不在於多少，而在於你有沒有透過讀書重新認識這個世界，發現臨界知識並把它運用到自己的生活當中。

生命有限，不要把有限的生命浪費在低等的勤奮。

學習臨界知識
需要具備的兩個心態

前面談到改進讀書方法有助我們掌握臨界知識。

學習效率的小幅提升，可能只需要掌握或改進一個新方法、新技巧就可以。然而，如果想要有大幅度的提升或質變，一定會涉及對自己底層認知的改變。而這種改變就觸及一些更本質的問題：比如，你相信什麼，你如何看待你與這個世界的關係。

因此，對於學習臨界知識而言，首先是**心態、方法和習慣的養成**，其次才是具體的知識和技能。讓我們先從學習的底層心態談起吧。

☑ 底層心態一：綠燈思維

春節回老家過年，席間一位長我幾歲的親戚大哥和我聊到學習這個話題。這位大哥說：「我們家的人就是沒有讀書的基因。我當年讀書就

不行，我家兒子現在也不行，還是你們這種有讀書天賦的人厲害。」

當我說到讀書學習這種事情跟天賦基因關係不是很大的時候，大哥放下舉起的酒杯，立刻反駁道：「你看，電視上《最強大腦》裡面的那些人，看一遍就記住那麼多，天南地北的事情都知道，看一遍就全記在腦子裡。我們這種人，看了電視劇過幾天就忘記劇情了。」

我對這段對話一直印象深刻。我們相信什麼，我們如何看待自己與這個世界的關係，深深地影響著我們的學習效能。

我和大哥的這次對話，對我們理解如何培養良好的學習心態有一個重要啟示：**更高效的學習，來自更合理的學習方法假設。**

關於學習方法，喬希・維茲勤在他的《學習的王道》中提出，人們大致有兩種觀點，一種是固定智力論，一種是增長智力論。固定智力論將學習成敗歸結於一種與生俱來、無法改變的能力水準。比如我大哥認為，自己天生不擅長讀書，兒子也不擅長，而電視益智節目裡的人恰恰相反。他把自己的綜合智力或技能水準看成是一個固定的、無法繼續演變的本質，所以，決定學習效能的因素就是天賦。而增長智力論則不同，它更傾向於認為「世上無難事，只怕有心人」。我們透過努力，一步一步，循序漸進，採用正確的訓練方法，新手也能成為大師。

如果我大哥在此之前了解到這兩種關於學習的不同理論，可能會有助他做出新的選擇。不過，如果在過年的酒席上我拿出這套理論告訴他「你這個觀點不對，學習是一個透過訓練提升能力的過程」，你覺得他會欣然接受，改變觀點，從此發奮圖強嗎？我想，這種情況多半不會發

生，更可能的情況是，他拿出更多的例證來反駁我，說明為什麼人是天生有差別的！

為什麼會這樣呢？這就涉及影響學習效能另一個層面的問題：**當我們遇到與過去認知不一致的新觀點時，就會觸發我們的習慣性自我防衛。**

什麼是習慣性防衛？這是一種非常常見的心理學現象。當我們感覺到自己的觀點、尊嚴可能會受到挑戰的時候，我們第一個反應不是思考對方的挑戰和質疑是否合理，而是：有人敢反對我，跟他拚了！這時候，我們的習慣性防衛就產生了。

再拿我和大哥的對話為例。即使我告訴他一個可能更合理的理論假設，他此時考慮的也不是我的觀點是否合理，而是他的尊嚴是否受到挑戰。如果他認可我提出的觀點，那麼就意味著，他過去一直對外宣稱的理由「自己學習不好是因為基因問題」站不住腳了，這會讓他的處境更難堪。為了避免陷入這種窘境，他的大腦會開始說：警告，警告，準備戰鬥！

這情況不只發生在我大哥身上，我們每個人隨時都可能面臨這樣的挑戰。我曾經在公司開會時留心觀察過，當同事間觀點不同時，有些人還沒聽完對方的意見，就急著反駁。說到底，無非是想證明自己當初得出這個結論的原因是有道理的，而對方更合理的解決意見反而沒怎麼花時間討論。有時候，大家爭執了半天才發現，討論的都不是一個問題，只不過是因為在討論中覺得自己受到威脅，就趕緊開始反駁。

在我看來，如果自己一直陷入習慣性防衛而不自知，你學習再多的新方法、新觀點又有什麼用呢？所以，要提升學習效能，第一步就要打破習慣性防衛。

不過，要打破習慣性防衛，就要先弄明白一個問題：我們為什麼會有習慣性防衛？

我們為什麼會有習慣性防衛？

假設你和客戶約定開會，第一天客戶遲到了，第二天、第三天客戶又遲到了。這個時候你就會想，這個客戶怎麼這麼不守時、老是遲到？但假設約定的三天都是你遲到，你會說第一天路上堵車，第二天家裡有急事，第三天早上鬧鐘沒有響。

我們可以發現，當一個問題出現在別人身上的時候，我們習慣把這個問題歸因於別人，是那個人自身有問題。而當同樣問題發生在自己身上的時候，我們就不這麼想了，反而會把問題歸因於外部因素。這在心理學中稱為「**基本歸因謬誤**」。別人出事，都是人品問題；自己出事，就是外部環境問題。這個現象反過來也成立。比如，當別人取得成就的時候，我們會覺得這小子又走狗屎運了；而當我們自己取得成就時，肯定覺得這可是我辛苦努力應得的結果！說我走狗屎運的，你們都是誹謗。

了解我們有這樣一些心理基礎，就比較好理解我們為什麼會習慣性

地進行自我防衛，因為當我們自己遭受挑戰的時候，會下意識地向外部找原因。當我們把外部原因當真之後，別人針對我們的意見就顯得更不合理了。

當年互聯網第一波熱潮的時候，有一家互聯網公司如日中天。老闆相當自以為是，開會的時候，但凡下面有不同的意見，就會一頓狠批。結果後來很多能幹的人都走了，留下來一幫察言觀色的能人。所以，習慣性防衛的問題人人都有，只不過程度不同罷了。

其實，習慣性防衛是人類進化過程中發展出的一種自我保護機制。但是，在知識而非體力主導的社會中，這種根深蒂固的防衛習慣會不知不覺地阻礙我們成長。

關於這一點，《第五項修練》曾引用行為科學的奠基人克里斯‧阿吉里斯的觀點：「習慣性防衛的根源是懼怕暴露出我們想法背後的思維。……防衛性的心理使我們失去檢討自己想法背後的思維是否正確的機會。對多數人而言，暴露自己心中真正的想法是一種威脅，因為我們害怕別人會發現它的錯誤。如果把進步的過程比喻成往杯子裡倒水的話，習慣性防衛就是蓋在杯口的蓋子，阻擋我們進步。其實習慣性防衛不可怕，可怕的是有習慣性防衛而不自知，那就會陷入無法自我提升的情況。」

如何減少習慣性防衛的不利影響？

那怎樣才能打破這種防衛呢？答案是：建立**綠燈思維**。什麼是綠燈思維？讓我們先看看和綠燈思維相對的概念：紅燈思維。

紅燈思維就是一聽到不同的觀點就消極處理，準備防衛：「你不了解情況。」「你先聽我說！」這是在紅燈思維下大腦所處的狀態。比如，一個習慣粗暴溝通的老闆，聽到諮詢顧問給的建議：「你和員工溝通的時候，要先傾聽，理解員工意見之後再發表你的觀點。不要沒聽完就做判斷……」這時候，老闆多數情況下的第一反應是：「你懂什麼？你根本不了解我們公司的情況！」「我時間很緊迫，哪有那麼多時間聽？」「你根本不知道，如果你不強硬，這幫人就不動，根本無法推動工作！」「去去去，別拿書本上的東西說教，不接地氣。」

類似的場景你見過嗎？這就是一個典型的紅燈思維：遇到與自己不一樣的觀點，第一反應是找理由反駁。

而綠燈思維是，**當我們遇到新觀點或不同意見時，第一反應是：哇，這個觀點一定有用，我應該怎麼用它來幫助自己？**比如，同樣是這個老闆，他聽完諮詢顧問的意見後，可以這麼想：「嗯，這個觀點雖然和我過去的做法不一樣，但是仔細想想，一定有可以參考的地方。比如，如果我能夠先傾聽再溝通，就能讓員工充分表達意見，可能產生新的創意；而且，充分溝通，也能避免我們討論了半天才發現大家說的不是同一件事；還有，理解和傾聽，也是和員工建立信任的過程，能夠增加團

隊的凝聚力。」

如果領導能多考慮新觀點的優點和用途，那麼他就擁有了綠燈思維。他可以在理解新觀點的用途和價值之後，再去分析這個觀點可能的不足，想辦法改善它。這樣，他的進步速度是不是會快很多？

這件事情說起來很簡單，但是要真正做到綠燈思維卻不容易，我們還必須建立一個更基礎的認識，那就是：區分**我**和**我的觀點／行為**。

其實，我們之所以會習慣性防衛，還有一個很重要的因素：我們會把別人對我們觀點的質疑，理解為對我們本身的否定。換句話說，我們常常不自覺地把「我」和「我的觀點／行為」綁定在一起。比如，別人和我開會討論時說：「成甲，你上個案子做得太爛了。」此時，我的第一反應可能不是去思考我的案子是不是很爛，他說得對不對；相反地，我覺得他是在針對我、指責我，於是我就會回擊：「胡說，你做的案子才爛！」這樣，我把別人對自己觀點／行為的質疑理解為別人對我這個人的質疑，從而激發起自己的習慣性防衛。要改變這種狀況，我們就要明確「我」和「我的觀點／行為」是不一樣的——我的成長來自「我的觀點／行為」的改進和提升，而別人對「我的觀點／行為」提出意見，正是我們能夠從不同角度獲得啟發和成長的機會。

李敖曾在某節目中說：「我不僅罵你是王八蛋，我還能證明你是王八蛋。」我們可以看到李敖非常清晰地區分了人和人的行為。只不過他的論斷是，如果你做了王八蛋的行為，就證明你本人是王八蛋。

　　如果你參加《奇葩說》去辯論這個題目，你就可以告訴李敖：「有王八蛋行為，只能說明他過去有不恰當的行為，並不能說明他本人一直是王八蛋；只有那些做了王八蛋行為而不愧疚、不改進的人才是王八蛋。」你看，區分了「我」和「我的觀點／行為」，哪怕做了王八蛋的事情，也有能力坦誠面對。

　　賈伯斯在生前說過一句很著名的話：「我特別喜歡和聰明人在一起工作，因為最大的好處是不用考慮他們的尊嚴。」難道聰明人沒有尊嚴？不是，是聰明人知道尊嚴不是在別人駁倒自己時去維護面子。真正的尊嚴是發現改進和成長的機會，成為更好的自己。

　　總結一下：想要通過接觸新的觀點和知識快速成長，就要面對與自己傳統認知不一樣的地方。而在這種情況下，我們很容易激起自我防衛。要改變這一點，就要培養第一個底層心態──綠燈思維，積極地考慮新觀點裡有價值的地方。但是，要做到這一點，首先要有更底層的認識：區分「我」和「我的觀點／行為」，不再把對自己觀點的質疑與自己這個人綁定起來。這樣下次我們再面對挑戰時，就可以從容地問自己：我的觀點是不是可以在別人的意見裡進化得更好？

☑ 底層心態二：以慢為快

我們遇到新觀點時能夠用綠燈思維來積極面對，就為快速成長打下了第一個心態基礎。可是，想要快速成長，僅有積極的態度還不夠，還要解決另一個問題：**具體執行時的心態。**

我們之所以想要快速成長，就是因為這個社會變化得越來越快，對人的要求也越來越高。如果想在這個快速變化的社會裡建立競爭優勢，學習和成長的速度就很重要。所以，很多互聯網創業公司的口號都是：天下武功，唯快不破。是啊！你看 Facebook 從無到有，再到紅遍全球才幾天時間；「滴滴打車」①從無到有，再到成為帝國也才幾天……這樣的案例越來越多。身邊昨天還是一個普通人的創業者，今天就拿到幾億基金投資，搖身一變成了首席執行長。我們能不焦慮嗎？能不想讓自己再加緊腳步嗎？再不快點，菜都涼了！我認識一個北大的好朋友，他特別優秀。他的一個觀點就是：必須每步都足夠快。一步慢，步步慢啊！

沒錯，在這個時代，太慢你是要被淘汰的，但問題是你怎樣能快起來？更快地讀書？報名上「十分鐘講透創業原理」「21 天打造無敵團隊」這樣的課程？你看，在朋友圈裡，各種短期集訓課程特別多。借著內容創業的風口，個人成長、讀書、創業等學習社群一夜之間風起雲湧。每個人都告訴你：加入我們，快速掌握新技能！我們想要什麼，商人就能賣什麼。你想要長生不老，就有人會賣給你人參果。可是，追求快是這樣的方式嗎？

---

① ：一款基於分享經濟而能在手機上預約未來某一時點使用或共乘交通工具的手機應用程式，由北京小桔科技有限公司設計開發。起初只能預約計程車，後來發展到可預約專車、搭順風車、代駕、試駕。其與多個第三方支付提供商合作，用戶可在手機上付款。

快是結果，不是原因。想要能力提升得更快，不是說學習過程就要很快。相反地，**越是快速提升的能力，反而越需要下慢功夫**。這一點，可能是大多數追求快速成長的學習者都沒有意識到的。所以，我講的就是這個層面的心態：真正的快，是「以慢為快」。

什麼是以慢為快？首先，你得有一個心理準備。快速學習的前提是要能夠做到：結硬寨，打呆仗。

結硬寨，打呆仗

「結硬寨，打呆仗」這六個字是曾國藩帶領湘軍打敗數倍於己的太平天國軍的要領。所謂「結硬寨」，是指湘軍到了一個新地方以後馬上要紮營。選好關鍵要地後，無論寒暑，要立即修牆挖壕，且限一個時辰完成。而且在戰爭中，不論敵人看起來有什麼漏洞，有什麼可以追擊的誘惑，曾國藩都不為所動，一定會讓部隊死守住關鍵要地。「打呆仗」是指湘軍每到一個城市邊界，並不與太平軍開戰，而是就地挖壕，而且每駐紮一天就挖一天壕溝，把整個城市週邊全都用壕溝隔斷外部聯通，斷糧斷水，生生把敵人拖死。結果，湘軍與太平軍糾鬥 13 年，除了攻武昌等少數幾次有超過 3000 人的傷亡，其他時候，幾乎都是以極小的傷亡獲得勝利。

為什麼我認為學習，首先要有「結硬寨，打呆仗」的心態呢？那是因為，**真正高效的學習，其實是知識融會貫通的結果**。有了對重要的、

核心知識的深刻理解，我們才能運用起來遊刃有餘。然而，對我們大多數人而言，阻礙我們融會貫通的原因，恰恰是我們在學習中遇到了一個「阻塞」，沒有「結硬寨，打呆仗」地把它攻克，導致我們一直有「自以為知道，其實不知道」的「知識阻塞」，也就沒辦法實現融會貫通的效果。

所以，想要快速成長，努力的方向應該是花大力氣打通那些知識阻塞，而不是追求看起來很花俏的新方法、新技巧。基礎堵住了，新方法和新技巧學得再多，也都是表面上的花拳繡腿。這就好比我們想要快速學會騎自行車，要把精力放在掌握平衡上，反覆尋找平衡的感覺。可是，我們現在的大多數人，卻是在追求兩分鐘學會 21 種踩腳蹬子的技巧……

我們求快，渴望能夠四兩撥千斤，能夠找到捷徑，可惜，卻忘了幾千年流傳下來的真正捷徑：「書山有路勤為徑。」以讀書為例，好學的人，總是想要讀得快一點，也就不由自主地希望多讀些。我以前也有這個心態：讀書的時候，特別希望自己閱讀量很大。2009 年、2010 年的時候，我基本上一年要讀 150 ～ 200 本書。這樣高強度的讀書，不能說沒有幫助，我確實收穫很多。但是，今天回過頭來看，我還是有些後悔和遺憾：我在應該慢的地方沒慢下來。讀書快，感覺都成為我的慣性，卻只是為了快而快。結果，很多知識的阻塞留了下來，這給我後來的學習帶來很多麻煩。幾年以後，我還要重新回頭補課，浪費了不少時間。

現在的我，學習的心態和以前不一樣，方法也就大不相同。我現在讀書，一個月也大概要購入 10 ～ 20 本新書。算下來，一年買的書也有

200 多本吧。很多書都是大部頭，要把這些書讀完，恐怕一年什麼都不幹，時間也很緊湊。

可是，我現在不追求讀完整本書了。為什麼要讀完？

我讀書的目的是：打通知識的阻塞，實現融會貫通。

最近我在看羅伯特・麥基的《故事的解剖》。這本書有近 500 頁，主要講述影視製作和說故事的方法。如果要你來讀這本書，你會怎麼讀？

每天給自己訂一個計畫：比如一天讀 50 頁，十天讀完，然後從第一頁開始，讀到最後一頁嗎？這基本上是我以前的讀書方法。

我現在的方法是：結硬寨，打呆仗。

首先，我要找到這本書對我而言的緊要之處。比如，我看目錄之後對作者提出的「結構光譜」覺得困惑。這四個字都認識，但加起來是什麼意思就不知道了。於是，我翻開相關章節略讀，研究分析「結構光譜」這個概念的意義和作用。我發現，我必須把這一章 20 多頁的小標題連起來看，才能理解結構光譜的意思。而其中第一部分「結構」是什麼，短短 300 字的部分，便讓我看了兩個多小時，做了幾千字的讀書筆記。

你可能覺得，讀 300 字，要兩個小時？這也太慢了吧！學了速讀法，可能 10 秒鐘都用不了。而我，單單是要弄明白「結構光譜」這個概念是什麼意思，就斷斷續續花了五六天時間。

可是，在這期間我打通了很多阻塞：為什麼一些詩歌很短卻非常衝擊力？藝術表現的隱喻是如何實現的？我下次的演講可以如何優化節

奏？在寫作中關注哪個要素能讓衝突意義放大？在最短的時間內構思一個震撼人心的故事應該從哪裡入手？

不懂得「結硬寨，打呆仗」的奧妙，你要花多少時間學習技巧，才能在這麼多領域間建立聯繫呢？

我現在有自己的諮詢公司，業務很繁忙，還要保持在羅輯思維「得到」上每週一集的《成甲說書》節目，以及寫書、更新我的公眾號文章。不要說這些事情加在一起，單單是每週讀完一本書，理解並講出來，製作成音頻節目，要堅持下去就很難了。

有人問我：「你怎麼讀書這麼快啊？」我想說：「不是我讀書快，而是我讀書慢。」

所謂厚積薄發，你只有在此前花真功夫死磕了很多基本的道理，打通了那些知識阻塞，才能在之後的書籍中讀出作者想寫而沒寫的，作者沒寫而應該寫的；在哪些觀點上，作者比前人有突破；哪些理念其實是換了一個樣子的包裝；哪些問題，其實別人有更好的解決方案？也只有這樣，才能把同一本書讀出不同的感覺。而這，也是《成甲說書》存在的意義：借助我此前積累的基礎，幫助其他人從更多的角度理解一本書。否則，別人為什麼要聽你說書？

所以，在學習的執行過程中，要有以慢為快的認識，第一個心態便是要能夠「結硬寨，打呆仗」。

那照這麼說，是不是我讀書只要一頁一頁慢慢來就好了？那也不是。如果這麼學，到最後就真的菜都涼了。

把慢功夫花在真問題上

這就涉及對以慢為快的第二個認識：**把慢功夫花在真問題上**。

其實還是二八法則原理。我們要以慢為快，其實是把80%的時間，花在20%的重要問題上面。如果把時間平均地、慢慢地花在每一頁上，那才是真的低效率，趕不上這個時代的變化。比如前面我提到在閱讀《故事的解剖》的時候，找自己不明白但重要的問題閱讀，就是一種把慢功夫花在真問題上的例子。

同樣，把時間花在重要的基本概念、具啟發的觀點和自己沒想明白的問題上，都是非常值得的。比如，我前一段時間在讀塔雷伯的《反脆弱》，其中有一個很核心的概念：非線性。對於這個概念，我總覺得理解有一點模模糊糊的，有點說不透。有天晚上我把書拿出來，仔細琢磨這個問題。結果我在反覆查閱推敲的時候豁然開朗，立刻明白查理·蒙格說的「尋找錯誤定價的機會」和巴菲特說的「20個孔投資法則」這些概念之間的聯繫。這種突然理解通透的激動、興奮和成就感真的難以言表，就像發現了一個新大陸！我再趕緊拿出蒙格的演講和巴菲特的相關章節看，果然前後理順了，而且立刻對《反脆弱》整本書的理論體系和推演邏輯有了新的認識。

這就是把慢功夫花在真問題上的收穫。沒有這樣經歷的人，可能無法理解我的喜悅，但是，一旦你堅持這樣做，一定能體會到這種喜悅而激動的感受。

　　其實，這種以慢爲快、把慢功夫花在眞問題上的方法，不限於讀書，在學習的各個領域中都是相通的。前陣子我在羅輯思維錄節目的時候，看到他們公司書架上放著一本書：《六個月學會任何外語》。我很好奇作者是怎麼解決這個問題的：在很短的時間，學會通常認爲要很長時間才能掌握的技能。當時我沒時間看，便順手下單買了一本。買回來一看，這本書裡面的核心方法基本也就是：把慢功夫花在眞問題上。在他計畫的 6 個月時間裡，不會一上來就學習什麼語法、修辭之類的，反而要在開始花大量時間去訓練那些你眞正會用到的語言內容，並把所有不重要的「假問題」全都拋開。比如，作者認爲學習一門外語，就應該花不成比例多的時間研究最基礎核心的環節：什麼在影響你的溝通？然後在這個環節下硬功夫死嗑。一旦這麼做，你很快就會發現，把最基本的環節打通之後，再有新知識就能在這個基礎上生長──只要把新知識中的阻塞打通，就能夠和原來的知識融會貫通，最後，經過 6 個月的時間，你就能完成絕大多數的日常外語交流了。

　　所以，想要眞正學習得快，反而要讓自己慢下來。這個道理講透了，其實很容易理解，就是一個常識。但是，可能即使我講了這麼多道理，很多人實踐起來還是很難。爲什麼？因爲在某種程度上，知道、明白一個道理，和相信、實踐一個道理是兩碼事。

　　真正阻礙我們的是我們的不確定和恐懼。我們擔心，這樣放慢了學習，真的就能夠學得快嗎？還有那麼多東西要學，來得及嗎？萬一我的

慢功夫用錯了地方怎麼辦？

你在有這些擔心的同時，又在想：我之前的方法也挺有效的，而且大家都是這樣學習的，應該也比較保險。你的以慢爲快雖然好，但是身邊人貌似很少用啊，可能不一定有用。

好吧，其實你這麼想也挺好，因爲這樣想的人越多，這個方法的優勢就越明顯。 有一幅漫畫，非常深刻地描述了這種現象：

趕著快的人，選擇的是同一條路；有勇氣慢下來的人，很少，反而在快速成長的路上不擁擠。

寫這篇文章的時候，正好李叫獸在組織他的第二期14天改變計畫。這個活動一天賣了200萬元。小馬宋發評論說：「現在，能夠好好讀書並吃透理論本質的人越來越少。所以那些能做到的人就有機會賺錢。比如李叫獸的活動一天售罄，獎金200萬。別說讀書無用，是你不認眞，

沒讀好。」

　　總結一下：掌握臨界知識，首先要在學習新知識時有綠燈思維，而在具體學習時，又要有以慢為快的心態，把慢功夫用在真問題上，比如學習掌握臨界知識。

　　說完了影響掌握臨界知識的心態之後，接下來就讓我們進入具體的方法層面。

提升學習能力的
三個底層方法

☑ 學習的本質是什麼？

學習臨界知識的過程，本身就是深度思考的過程。前一段時間正好在朋友圈流行一篇文章，叫〈深度思考比勤奮更重要〉。這篇文章提到一個觀點：人們「不能深度思考的根本原因是見識少，知識積累量不夠」。這個觀點很有意思。你的見識多了，知識積累量多了，就能夠自動深度思考了嗎？

在我看來，「見識的多少和知識量的積累」與能否深度思考，關係並沒有那麼大，至少說不上是「根本原因」，因為深度思考根本不是膚淺思考的積累結果，它們根本就是完全不同的認知方式。在膚淺思考的認知前提下，透過增長見聞和擴大知識量，一個人不大可能變得思考深刻。

　　我們學生時期，班上可能都有這樣一位同學：上課看書最用功、放學回家最晚的是他，而考試成績後段班裡也總有他。

　　我們常常把學習當成一件很正式的事情：要端正地讀書，最好是在課堂裡面，有老師講解。事實上，學習本質上是一個改變假設的過程，因為我們的所有決策都是在自己的假設下做出的。

　　這裡有一個本書中會反覆出現的重要概念：「假設」。我們的所有觀點、結論，本質上都是一個假設。觀點和結論的好壞，取決於我們的假設與事實相符的程度。

　　思考膚淺，也是在某個錯誤假設指導下行動的結果。而**學習，就是不斷調整改變我們的假設，讓我們在正確的假設下做出合理的判斷和決策。**

　　所以，學習臨界知識其實也就是用更合理的假設，來替代我們過去相對不合理的假設，從而提高我們的決策品質。

　　如果從這個角度看，我們就會發現學習臨界知識最方便的教材，其實是盤點我們每天的生活。盤點每一天的決策都是在什麼樣的假設下做出的，又產生了什麼樣的結果。我們要追問問題的過程，而不僅是自己事後解釋為什麼。只有這樣做，我們才能夠知道自己過去的假設是否正確，並思考應該如何改進，以便在未來以更正確的假設指引自己的決策和行為。

　　比如，我們想要讓自己的公眾號更加受歡迎，就不能只是天天報名參加各種培訓，看各種讓自己瀏覽量增加的技巧，而不靜下心研究，並

問自己：昨天文章點閱率低，有哪些可能原因？在哪個環節做改變，下次可能會有效果？這樣不斷盤點、反思，才能更高效地理解你學習的那些知識。

有時候，向外求，不如向內求。我們越是想要提升自己，越是訂閱各種公眾號、看技巧文章、買暢銷書籍、參加牛人分享，反而越少關注自己本身：臨到自己，生活似乎照舊。就像韓寒說的，「聽過太多大道理，仍然過不好這一生。」

在每天快結束的時候，靜靜地坐下來回顧一天：**今天，有什麼事情，讓我開心？為什麼？今天，我有什麼事情沒處理好？為什麼？假如我沒有這麼做會怎樣？我還能有其他的做法嗎？**

大多數人根本沒有花時間反思。我們以為知道關於自己的一切，但是很可能我們最不了解的就是我們自己。「知乎」上甚至有人這樣說：「回顧自己的過去，總的來說是個壞習慣。」就像我們小時候看自己的日記一樣：好像沒有什麼用處。是啊，過去的事，再看還有什麼意義呢？今天的事還沒做完呢。可是，如果這樣下去，我們就是一直拿過去的假設來過今天的日子，卻在期待未來全新的不同。這可能嗎？

在我看來，我們過去的經歷是一篇篇寫滿了我們的弱點和優勢，寫滿了我們的錯誤假設和生活靈感的文章。只不過，只有透過精心的篩選和仔細的加工，這些經歷才能變成我們生活的寶典，指引我們之後的道路，而這個加工的過程，就是我們加速改變舊假設、發現新假設的過程。這種能力的培養就是在提升我們的學習能力。

那具體應該怎麼提升我們的學習能力呢？我最常用的方法有三個：**反思、以教為學**和**刻意練習**。

✅ 反思：提升知識掌握的層次

前面提到，要真正快速學習，不是一上來就求快，而是先放慢，練內功。內功的基礎，便是反思。

反思，是一種非常重要的技能，可是我們的教育對這項能力的訓練卻非常欠缺。我們知道，如果想要練就一身肌肉，就要持之以恆地進行重量訓練。與此類似，如果想訓練思想的肌肉，讓自己看問題深刻而準確，要堅持的基礎訓練之一便是反思。然而，由於我們的教育經歷中缺少「反思」這一重要能力的訓練，我們大多數人常常把總結當成了反思。

反思不是總結，至少兩者的著重點非常不同。總結是對結果的好壞進行分析，而反思是對產生結果的原因進行分析。或者，換個說法：反思的實質是對假設進行校正。

從應用的角度來看：

做事的順序：提出假設→採取行動→產生結果
反思的順序：觀察結果現象→研究原先假設→反思校正假設

　　我們經常會推測現象背後的假設，但總把自己的假設當作事實。沒有能力區分假設與事實，我們也就無從對自己的假設進行改進。比如，古人會把產生雷電的可能假設之一——有雷公電母主宰，當成事實，進一步產生祭祀和崇拜行為。現代人也一樣。2015 年有一則新聞是「夫妻幻想中 500 萬元彩券大獎，討論時因分配不均打架報警」，這算是把假設當成事實的經典案例了吧！

　　日常生活中，我們從對社會問題的討論，也可以看到不同人對問題產生後進行反思所達到的深度不同。北京大學經濟學家汪丁丁教授曾在部落格中討論過「高鐵新城建設為什麼會失敗？」的議題。這些年高鐵建設快速發展，許多城市都新建了高鐵站，而經常搭乘火車的人就會發現，絕大多數高鐵交通網建在距離都市較遠的郊區。為什麼會這樣？原來，規劃高鐵站的專家們認為：將高鐵車站設置在郊區，可能會帶動這一區域的經濟發展。更為專業的說法就是：「高鐵交通網建設將加速城市產業升級和布局，提升周邊土地價值，引發城市空間格局的轉變。」（做出假設）

　　然而，媒體調查的結果是「絕大多數想依靠高鐵車站的建設帶來都市拓展的努力，大都失敗了」。從規劃至今，所有的高鐵新城幾乎都宣告失敗。對於這一點，我這樣一個在全國各地進行旅遊項目考察的人感受深刻：高鐵新城高樓林立，但是經濟蕭條，人們都是從高鐵下來直接回都市。（產生結果）

　　那麼問題來了：為什麼當初認為將高鐵站建在郊區能夠帶動新城發

展，在投入鉅資建設完成後，卻沒有實現新城的發展呢？

讓我們慢下來，回顧一下這個過程。做事的順序是：

1. 提出假設：在郊區建設高鐵站將帶動新區域發展
2. 採取行動：投入鉅資建設高鐵新城
3. 產生結果：高鐵新城發展不利，多數新城蕭條

為什麼現在的結果和原先的假設相差這麼大？關於這一問題，很多專家指出是因為規劃缺陷所致：高鐵交通網沒有和周圍的土地開發相結合，而且存在土地利用總體規劃等問題。因此，他們開出的藥方就是在新一輪的高鐵建設中，必須做到高鐵沿線土地綜合開發規劃、城市總體規劃和土地利用總體規劃的結合。這裡，專家提出自己對問題產生原因的假設是相關規劃不合理。（專家反思形成的假設 1）

依據此假設，專家們提出了新的行動建議：將高鐵的建設和相關規劃進行更合理的結合。

而汪丁丁教授對於這種建議的觀點是：「在我看來則是迴避了問題的根本原因，如果據此開出藥方，那還是避免不了高鐵新城蕭條的窘境。……一個最根本的問題是，中國絕大多數城市都是人口流出地，而非人口流入地。人口流出這個現象意味著高鐵的開通，會方便這些城市的人口往外遷移，這也意味著對絕大多數城市而言，高鐵新城註定是一座空城。」（汪教授反思形成的假設 2）

現在對高鐵新城失敗的原因，有了兩個不同的假設：

假設 1：相關規劃不合理（具體原因）
假設 2：城市人口淨流出（供需關係）

你認為哪個假設更值得參考？為什麼？對我而言，汪教授的假設給我啟發更大。我認為他的假設更深刻，為什麼？因為汪教授的假設運用了更為基礎的規律──供需關係，所以他的假設（1）不僅能夠解釋這件事情；（2）而且能夠解釋更多相關的事情；（3）從而讓我們在看似孤立的事情背後建立了可能的連結；（4）也讓我們有可能用這個假設指導其他領域的行動。

在我看來，汪教授給出的假設是從「供需規律」這個根本因素出發。城市的發展來自人口需求的聚集，那麼研究城市發展，就要考慮人口聚集需求變化的趨勢。從城市吸引力角度來看，他發現人口遷徙的規律：中小城市的人口在快速向大城市流動。由於「人們在小城市聚集的需求度」這一城市發展的根本動力在相對下降，高鐵新城的失敗就幾乎是定局。新城沒有留住人的根本原因不是高鐵站本身，而是在城市競爭中，中小城市本身喪失吸引力，缺乏新增的城市人口，高鐵新城的發展又從何談起呢？

這一假設不僅可以解釋高鐵新城這一現象，還可以解釋其他相關事情，例如為什麼中小城市的房價比大城市的房價更容易下跌。更重要的

是，我們可以根據這一假設得出很多有意義的跨領域行動啓發，比如：

1. 如果想增加高鐵新城的成功率，可以利用供需規律的假設，強化高鐵新城和周邊農村的連結，吸引更小村鎮的人口到相對大一點的城鎮聚居。所以，我們要做的不一定是把各種相關規劃都更改，也可能是新建通往農村的道路、建設配套大眾運輸系統以及實施農業（農村）人口轉爲非農業（城鎮）人口的戶籍政策。

2. 借助這一假設，我們可以透過研究某一城市人口的聚集需求變化程度，判斷這個城市所有和人口聚集度相關的商業經濟發展趨勢。

由此可得，我們對同一件事情得出假設的品質不同，意味著我們的認知深度差別很大。而要想讓我們假設的品質得到提升，最關鍵的步驟，就是反思。

事實上，反思在學習的過程中至少發動三方面的作用：（1）發現知識誤區；（2）促進已有知識產生新知識；（3）檢驗學習的新知識是否具體實踐。

讓我們逐一看看。

反思幫助我們發現知識誤區：跳躍性假設？

在心理學著作《影響力》中，作者席爾迪尼提出一個觀點：「人就像答錄機，一按按鈕就播放。」

我最初聽到這個觀點的時候，完全不以為意。人是智慧生物，透過理性做出各種獨立的選擇，怎麼會像答錄機一樣機械地做出反應呢？然而，後來我慢慢發現，在日常工作和生活中，我確實會出現一按按鈕就播放的情況，總是在相似情境下，做出相似行動。

讓我印象最深的例子是在我讀大學時，每當遇到比自己能力更優秀、職位更高或影響力更大的人時，我的第一反應是往回退縮，不願意靠近和接觸這樣的人。雖然事情過後，內心有些自責，希望下次能夠和這樣的人多接觸學習，但是再次遇到相同的情況時，我又會不由自主地後退逃避。

我突然意識到自己真的是台答錄機，只要出現相似場景，我會自動採取相似行動。

這種面對某些問題，不假思索就做出某種行為的現象每個人都有。從生物學的角度來看，不需要對每一件事情進行大量的思考就可以做出決策，能讓我們生活得更加輕鬆。不過，我們為什麼會不假思索就採取某些行動？

「不假思索」是指沒有透過思考便得出結論。儘管這種結論的得出沒有經過思考（至少沒有結合當下情況），但它的產生一定有所原因。

比如是直覺；或是小時候看到父母或者其他人這樣處理過，後來跟隨模仿，變成自己的處理方式；或者我們曾經有相似的經歷，當時採取了這樣的行為，後來便延續下來。

這種未經理性思考、面對某種場景就立刻得出的結論，我稱之為「跳躍性假設」──跳開理性思考的環節做出的假設。

這裡再次談到「假設」這個詞。上大學的時候，我的文化人類學老師曾說過一個讓我印象深刻的觀點，大意是**我們生活的真實世界，是我們認為的真實世界**。也就是說，我們對這個世界的認知，都是一種假設，而我們的假設是大腦對事實進行解讀之後形成的。

事實→大腦解讀→假設→行為

我們成長的過程，便是讓我們的假設更加接近事實的過程。而跳躍性假設，由於省略了理性思考的過程，往往不是最合理的假設。

就拿我面對名人時不自覺地選擇退卻這件事來說，其實我應當去思考，名人之所以能夠取得這樣的地位，往往是因為他更加謙遜，且能更好地處理人際關係。我主動接觸他，得到善意回應的機率，遠大於我在路邊接近一個陌生人得到善意回應的機率。而且，縱使對方沒有給出積極的回應，結果也不會比我選擇逃避更糟糕。所以對我而言，更合理的做法應該是主動嘗試接近。然而我們的跳躍性假設卻告訴我們：那是名人，趕快後退！

很多時候，我們都沒有意識到是跳躍性假設幫我們選擇了思考路徑，而缺乏深入思考的過程，又讓我們進一步失去了發現新的思考方式或解決方法的機會。如果我們一直被跳躍性假設綁架而不自知，就會永遠播放同樣的答錄機。如何偵測跳躍性假設，讓我們產生新的解決思路呢？答案很簡單：**放慢思考速度，找到更合理的方案。**

世界象棋冠軍和世界太極拳王維茲勤在他所著的《學習的王道》一書中提到，他早期在學習象棋的時候，常會憑藉直覺或者說不清楚的理由走出一步棋。教練布魯斯為了幫助他發現問題，便透過提問的方式讓他放慢速度。每當要做一個重要決定，無論好壞，布魯斯都會要求他解釋自己思考的整個過程。要達到這個目標有沒有別的辦法？是否意識到對手的威脅？有沒有考慮過不同的布局順序呢？

我們在生活中做決定，和在下棋時做決定沒什麼兩樣。如果我們能夠透過放慢思考速度來審視「自己做出決策的過程合理嗎？」「想要實現的目標還有其他方法嗎？」「考慮的因素周全嗎？」等問題，我們就更可能發現新的思維方式和解決方案，而這個過程就是反思。反思能幫助我們找到自己錯誤應用的知識。這種反思練習可以在每天的日常生活中進行，比如寫日記的時候，回顧一天的生活，看看我們做了哪些決定，放慢自己的思考過程，重新審視自己的決定。

為了更直覺地展示這個過程，我拿出 2012 年的一篇日記供大家參考：

2012 年 6 月 9 日 星期六

每日精進：昨天我做得不好的事情是什麼？我當時是怎麼思考的？如果重新來過會有哪些改進？堅持每天按照這個標準，對照我的行為！

日記：昨天客戶說專案要加快進度，三天內完成。我當時想的都是「客戶不了解情況。」「現在任務這麼多，根本不可能完成。」

現在想想，我這樣的心態是積極處世的心態嗎？

我一直覺得自己很積極，但是往往停留在自己想要積極的事情上面，而對於一些自己一時不太認可但又必須去做的事情，第一反應卻常常是應該如何反駁而不是如何積極面對。

成甲你自己說得好：「大多數人看到問題就是問題；心態積極的人，看到問題全是機遇。」明明知道這句話，但是根本沒有把它做為生活的原則去應用，而僅僅是選擇性地去應用。你就是一個表裡不一的傢伙，這樣怎麼能進步呢？

我們有選擇的自由，無論外界的因素如何困難複雜，我們都可以選擇自己面對它的方式。決定我們行為的不是外在的條件，而是我們內在的態度。

所以，當客戶說要加快進度的時候，我該思考的不是困難重重，困難當然存在，但這不正是需要我們去解決的嗎？我該看到的是，如果這個問題解決了，能帶來多大的成長。這不正是自己的機

會嗎？我們的價值，不就是挑戰過去無法完成的事情嗎？

這就是稻盛和夫說的「未來的能力」——如果凡事都以目前的能力來評斷能與不能，那麼任何新的、困難的事物無論再過多久，也不會有完成的一天。

我們京都風景設計院要為自己設定自己都覺得不可能完成的高目標，不要有絲毫膽怯，勇往直前努力到底，這樣才能讓我們的能力展現出連自己都不敢置信的驚人進步。

只有這樣，才是真正積極處世的心態！只有遇到困難不抱怨、拚盡全力解決問題才能進步！

像這樣放慢思考的速度去想事情，似乎很花費時間。但是你不這麼做，未來所浪費的時間恐怕要數倍於此。

事實上，在某一階段，對自己工作和生活影響重大的跳躍性假設的數量是非常有限的，但是它們重複出現在不同的時間和場合，影響我們的決策和行為。而一旦我們發現並改進了這一個跳躍性假設後，便能極大地改善生活中很多問題的處理方法。

四兩撥千斤，這真是一種很奇妙的感覺。就像我這篇日記中發現自己「遇到困難第一時間是進行負面思考」的思維習慣後，才有機會讓「積極處世」的新思維習慣發芽成長。當我用新的思維習慣替代舊的思維習慣之後，我解決問題的能力就提升到了一個新的層次。這種新思維方式

帶來的不僅是時間的節省，還有心智的修練成長以及別人對我做事態度和能力的信任。

而這一切，來自反思幫助我們發現錯誤，矯正行為。

反思可促進已有知識，產生新知識

反思不僅能幫助我們發現用錯知識的地方，而且還能**讓已有的知識產生新知識**。要做到這一點，我們就要在反思的時候主動地進行知識的聯想與連結。

之前，我們公司的合約條款裡面有這麼一條：「乙方提交最終成果方案文本 4 套。如甲方需要額外增加文本數量，由甲方承擔費用，乙方可代為列印，具體費用以實際列印結算單為準。」

按理說，這個條款對甲乙雙方都算公平，簽合約時甲方一般也沒有異議。可是，實際操作起來一直有個困難點，就是當真的需要多加印的時候，客戶就會覺得不舒服：「我已經付了這麼貴的服務費了，多列印文本這點小錢還要另外收費？」而我們的專案經理有時為了顧及客戶情緒，就把這筆費用自行吸收。

這個問題雖然不大，但是我一直覺得哪裡不對勁。直到有一天看到心理學中的「損失規避效應」時才恍然大悟。

「損失規避效應」是指我們面對損失時的痛苦感遠大於面對獲得時的快感。比如你今天丟了 1000 元會覺得很痛苦，即使晚上又撿到 1000

元，你撿到 1000 元的快樂也不會抵消丟失 1000 元的不愉快。我意識到，自己沒注意到「損失規避效應」是這個合約條款設計的問題所在。這一條款其實是設計了一個「面對損失」的場景：我已經付費了，現在又要花錢。

怎麼辦呢？既然人對痛苦敏感，把「損失」的感受換成「收穫」的感受不就可以了嗎？

於是，我調整後的方案大致是：如果合約總價是 100 萬元，就調整為 101 萬元，然後告訴客戶：「如果客戶選擇自行列印文本，我們就優惠 1 萬元，並且贈送 4 套免費文本。」在這套方案下，其實客戶花的錢是差不多的，但是感受卻完全不同。這就進一步讓我想到前一段時間裝修時，大多數淘寶店大件物品的送貨政策是：如果要送貨上門，再加運費 200 元。其實，如果改成自提優惠 200 元，可能更容易被接受。

這種在反思一件事情的時候透過聯想和連結，將生活中其他經歷和經驗串聯起來，重新認識和審視自己過往經歷的辦法，能夠將自己分散的生活經驗進行重新組織，從而產生新的知識。而要做到這一點，其實就是多問問自己：

· 我過去遇過類似的事情嗎？
· 我聽說過有其他人犯過類似的錯，或者有更好的做法嗎？
· 有什麼相關方法可以應用到這件事情中嗎？

堅持這樣做，遲早會有大的收穫。

反思可督促我們，檢查是否確實掌握學到的新知識

在把反思做為應用新知識的工具方面，班傑明・富蘭克林的成績尤為突出。富蘭克林是美國《獨立宣言》的起草人之一，以前 100 美元紙鈔的正面就是他的頭像。

他一生取得的成就影響了美國的發展進程，然而富蘭克林的成長機會都是透過自己的努力獲得的。他出身非常平凡，家境貧寒，只上過兩年學，第一份工作是印刷工。那麼他是如何不斷進步，最終取得驚人成就的呢？

在他的自傳裡，富蘭克林描述了自己希望不犯錯誤、快速進步的過程：

> 我希望我一生中在任何時候都不犯任何錯誤，我要克服所有缺點，不管它們是由天生的偏好、習慣還是交友不慎所造成的……
>
> 光是抽象地相信完善的品德對我們有利，還不足以防止過失的發生……因此我想出了下面的方法。
>
> ……我提出了 13 種美德，這是我認為必需的或是相宜的全部美德，在每一項之後我加了一些簡單的闡釋，充分地說明了我認為

該詞涵義應有的範圍。

這些美德和其涵義如下：

一、節制：食不過飽，飲不過量。

二、慎言：不說對人對己無益的話，不參與閒談。

三、有序：一切物品都應規律有序，每件事情都應安排時間完成。

四、決心：下決心去完成該做的事，下定決心之後就一定要完成。

五、節儉：所花錢財必須於人或於己有利，不浪費一分一毫。

六、勤奮：不浪費時間，每一分鐘都做有用的事，摒棄一切不必要的行為。

七、真誠：不欺騙、傷害他人，思想要純潔公正，說話要實事求是。

八、正直：不冤枉傷害他人，不忽略自己能造福他人的責任。

九、中庸：避免趨於極端。受到應得懲罰，不要感到惱怒。

十、整潔：保持身體、衣服、工作和住所始終整齊乾淨。

十一、鎮靜：不受瑣事、普通或難以避免的事故紛擾。

十二、忠貞：不亂搞男女關係，以免使大腦遲鈍、使身體虛弱，或破壞自己或他人的安寧和名聲。

十三、謙遜：效仿基督和蘇格拉底。

你看完之後，印象最深刻的是什麼？是不是他的 13 個美德？

至少我第一次讀完後，關注到的是這 13 個美德看起來似乎沒什麼了不起。然而，當我後來重讀富蘭克林自傳的這一段時，突然注意到，富蘭克林真正提出的重要觀點是：「**我想出了下面的方法。**」

這個方法是什麼呢？那就是：**提前設定一個期望的標準，然後每天反思，與之比較尋找差距！**

多麼簡單的辦法啊！我發現富蘭克林提出的方法，其實就是我之前在企業管理中學的「標竿管理」啊！教科書上說，標竿管理由美國全錄公司於 1979 年首創，是現代西方國家企管活動中，支持企業不斷改進和獲得競爭優勢的最重要的管理方式之一。我以前學過這個知識，可是從來沒想到如何在生活裡運用這個新知識。我知道標竿管理，卻沒有在自己反思的時候，提前設定好要實現的目標，每天與之比較。

是反思讓我發現自己其實並沒有學會「標竿管理」這個新知識，因為我根本不知道它可以用在哪些地方！

當我在 2012 年意識到這一點之後，我就把反思日記的內容做了一個大改進：將「高效能人士的七個習慣」做為自己的對比標準。很多人都讀過《與成功有約：高效能人士的七個習慣》，但是真正能夠做到每天實踐的人微乎其微。那時的我也一樣，看完書之後，生活照舊。因此，當我開始每天把七個習慣要求和我自己的行為進行對比時，才發現自己要改進的地方太多！

什麼是「以終為始」？

怎麼樣才算「積極主動」？

我在衝突中想到「雙贏思維」了嗎？

此後的日子裡，我每天照著《與成功有約：高效能人士的七個習慣》的要求一一對比，進行反思，並根據自己的情況增加了第八個習慣。

2012 年 5 月、6 月

每日反思的八個習慣

1. 積極處世：我們有選擇的自由
□ 越是在逆境的時候越需要積極
□ 只有了解事實才有真正的積極

2. 以終為始：先有目標後有行動
□ 要讓自己看到目標實現的樣子，要談論目標最終的樣子

3. 要事第一：管理重要性而非時間
□ 保持思考想要取得的目標，才能知道什麼重要
□ 學會拒絕才有時間做要事
□ 拖延或者委託不重要的事情

4. 雙贏思維：人生不是零和遊戲
□ 只有坦誠，才能建立雙贏的基礎──信任

□不被自己的觀點和直覺反應控制，才能耐心地理解對方

□雙贏的前提是信任，信任的前提是溝通事實、描述願景、共同為目標努力

5. 知己解彼：先理解別人再爭取別人理解自己

□只有自己先有空杯心態，懸掛假設，才能增進理解

6. 統合綜效：尋求第三種選擇

□讓別人參與到解決問題的過程中來，共同找到解決方案

7. 不斷更新

□「刻意練習」理論對我的啓迪就是要用新的方法訓練自己、培養團隊

8. 請教達人，知識遷移

□舉一反三，就是學習、記錄、思考、實踐、反思、總結、連結、實踐的過程

　　經過幾年訓練，我做事的思路和方法產生質變，時至今日我都享受著這些習慣給我帶來的巨大益處。我深深感受到，如果沒有反思讓我重新發現標竿管理這個方法，我的成長收穫不可能這麼大。

既然提到標竿，我順便說一下我的三個小經驗：

1. 每日反思標竿，其實是一個「打卡」的過程。記錄每天對比標竿的結果，讓我們能夠看到自己的進步，從而更加積極地堅持反思、提升自我，這是一個正回饋的過程。因此，堅持對標記錄，能夠透過正回饋，加速習慣的養成。

2. 每天反思對比同樣的內容，是一個自我催眠的過程。就像心理學中講的，我們可以透過自言自語來與潛意識對話，影響我們的思考和認知。

3. 參考現代企業管理中「標竿管理」的方法，我們也可以把這個過程標準化為「對標、對表、對照」三個步驟，讓反思日記在對表環節，更加精細和易於比較。

上面這些內容就是反思這一方法幫助我提升學習能力的三個方面：發現誤區、從舊知識中產生新知識以及檢驗是否掌握了新知識。

☑ 訓練反思能力的三個方法

不過，「反思」這件事情有點特殊。一方面反思是一種方法，你可以拿來執行，但從另一個角度看，反思也是一種能力，需要不斷培養。

　　在我自己實踐和在我們公司推行這個方法的過程中，我發現學會反思，本身需要一些方法來支援。

　　我自己總結，提升反思能力大概有三個方法：（1）從小事反思，深入突破；（2）把生活案例化處理；（3）培養寫反思日記的習慣。

從小事反思，深入突破

　　我對公司所有員工都有一個硬性技能要求：高水準的反思能力。

　　什麼是高水準的反思能力？**能夠持續地從日常工作、他人經歷和書籍案例中找到提升自己的方法、改進服務客戶的方法、提高工作效率的方法，有能力透過反思讓自己處於持續的改進狀態。**

　　為培養員工的反思能力，我要求新員工從入社的第一天開始就堅持做一件事情：每日寫反思日記。大多數新員工沒有堅持寫反思日記的經驗。因此，他們在剛開始寫的時候便會遇到一個大問題：寫幾天後就覺得沒有什麼可反思的內容，生活似乎每天都過得差不多嘛。這是因為很多人在寫反思日記的時候，總覺得必須發生了大事才值得記錄。然而生活中哪能天天都是大事，沒有大事的日子是多數，怎麼辦？

　　我的建議是**從小事突破，深入思考**。要培養堅持反思的習慣，首先要解決反思日記寫什麼的問題，要不然就會因為沒什麼可寫，硬逼自己寫，成為流水帳。這樣的話，每日反思這件事情就很難堅持下去。畢竟沒有人是傻瓜，會一直做沒意義的事情。認為只有發生大事，才值得進

行反思，是一個嚴重的誤區。

比較重要的大事發生後，當然應該反思，但決定你在關鍵時刻表現的，卻是一個個小事的積累——臨場的發揮、溝通的技巧、心態的調整。因此，想要在關鍵時刻有更好的表現，我們就應該透過對日常生活中一個個細節的反思來改進提升自己。這些細節包括前文提到的習慣性防衛和跳躍性假設，也包括其他不好的小習慣。

幾年前，我讀到一個觀點，大意是一個人的信譽要從履行每一個小的承諾做起，而我們大多數人很容易忽略自己在日常生活中隨口承諾的事情。你答應了別人，哪怕在你看來是很小的一件事，但別人很可能記在心上。如果你忘記處理，別人嘴上沒說什麼，心裡對你的評價卻已經調低一點。當時，這個觀點對我最大的感觸是：我過去從來沒有把日常隨口答應的事情看做「承諾」。在我過去的認知裡，承諾是很慎重、恨不得要簽字畫押的事情。但是，這個觀點帶給我一個震撼：原來自己隨口答應別人的「好」「可以」，都是自己的承諾啊！但自己真正認真對待、用心去做的有多少？

想到這裡，我就汗顏。於是，我在反思內容中增加一條：檢查承諾。我要求自己每天回憶昨天答應過別人什麼事情，並透過檢查簡訊、電話、郵件、日記來幫助回憶。這樣開始實行之後，我發現，自己經常會在忙碌之中把答應過別人的事情忘掉。於是，我在日記中提醒自己注意兩件事情：

1. 答應別人的事情，盡可能第一時間記錄下來，避免遺忘。

2. 輕易不給出承諾。確信自己有能力做到，再答應。

一天晚上，我在公司加班開會時收到一封簡訊，是朋友 S 需要找某電商的窗口負責人，找我幫忙詢問。我當時想了想，好像朋友 N 在那家公司，便回覆「好的，我問問」，就繼續工作。

第二天，我看到簡訊裡的這個承諾後，就聯繫朋友 N 詢問情況，結果他已經離職。儘管如此，人家還是答應再幫我聯繫他的前同事問問，只是要過一天才能給答覆。

第三天，我再問的時候，朋友 N 說確實沒有人認識那邊的負責人。我又問了幾個可能有這方面資源的朋友，結果第四天他們都回覆我說不認識。

我只好發簡訊給 S 說：「不好意思，我答應幫你問的人沒問到，但是，有朋友有另一個電商的窗口資源，不知道你們是否需要，如果需要我幫你再聯絡。」結果我發完簡訊沒多久，就接到 S 的電話，他說他群發了幾百條簡訊，我是唯一一個過了這麼久仍然在幫他關心這件事的人！

這件事情也給我很大的感觸，**我們把生活的點滴細節管理好，就是在管理我們自己的人生！**

因此，反思日記不一定要記錄大事，從日常的小事、小習慣入手，

從思考問題的過程入手，我們就能找到改進的辦法。

在我們公司，培訓員工記錄反思日記還有一個建議，那就是要記錄自己的情緒和思考的過程，而不僅記錄事情的結果。

這一點特別重要，也是我在堅持記錄反思日記後發現，只有把思考過程，甚至身體反應和當時發生的事情結合起來記錄，再回過頭來看的時候，才會有更多的啓發和觸動。

爲了更好地說明這個問題，我在取得同事 Bean 的同意後，將他剛加入公司時寫的反思日記和現在寫的日記放在一起，就可發現明顯的不同。（附帶一提，我們公司的線上辦公系統會保留每個人每一天的日記，而且公司所有人都可以互相查閱、評論。一方面促進知識、經驗在團隊內部流動，另一方面大家也可以從過往的日記中看到自己和別人思考能力進步的過程。）

以下是 Bean 剛入社不久寫的日記：

第三天全力聚焦在 XX 樂園的規劃設計和專案構思上，在這個過程中再一次驗證了設計流程之重要性：先思考 why（爲什麼），再弄清楚 if（如果），然後 how（如何），最後是 what（什麼）。而我以往的設計習慣中，是自己大概弄清了 why 和 if 後，直接就去 how 和 what 了。但是在團隊中，必須引導每一個成員徹底弄清楚 why 和 if，不然大家在去想 what 的時候會很吃力。

以下是 Bean 訓練反思能力後的日記：

1. 今天遇到了什麼問題？

（1）表面問題：搞不清楚「做一個規劃方案」和「幫助客戶系統性解決問題」有什麼太大的區別。

（2）實際問題：如何從客戶角度探討問題解決的可能性？場景還原：在 XX 專案的前期構思討論中，我對專案的推進思路是「做一個規劃方案」，而準確的思路應該是「幫助客戶系統性解決問題」。

（3）我的錯誤假設：

a. 認為「做一個規劃方案」就是在「幫助客戶系統性解決問題」。

b. 如果有區別，就是「幫助客戶系統性解決問題」是把「做好的規劃方案」整理成「客戶可理解的方案」。

2. 為什麼會產生這個問題？

我之所以會模糊兩個概念，一是沒有以客戶思維去審視整個專案的情況；二是在溝通的過程中，沒有仔細聽專案總監介紹這兩個概念背後的區別。

在本次討論中，張總提出她擔心如果用「做一個規劃方案」的思路去推進，會導致不能全面地幫助客戶解決問題，至少在幫助客

戶看清解決問題的方向和行動計畫層面，可能會有遺漏。

3. 在這樣一個矛盾出現、解決矛盾的過程中，我的心理表現如何？

（1）會感覺因為自己的誤解和理解慢，增加了團隊的溝通成本，有虧欠感。

（2）會內心著急，開始自我防衛，言語上有攻擊人的衝動。

（3）會覺得團隊裡經驗豐富的人很多，他們會幫我把問題分析清楚。

意識到這個問題之後，我覺得我的虧欠感、自我防衛和依賴性導致上午的溝通效果不好。

4. 怎樣解決，有什麼啟示？

（1）調節情緒、回到終點：利用中午休息時間，自我調節理情緒。我覺得那些心理變化以後再出現時，不必恐慌。只要思考目標終點的樣子，思考目前的狀況到終點之間需要現在的我做什麼就可以了，就不會被情緒左右。

（2）審視矛盾：把上午的衝突整理一遍，我認為大家都是在往終點推進，但不在同一個層次。我上午沒有把同事的

擔心和我自己的問題連結上。

（3）找共同點：想明白後，我試著按照「幫助客戶系統地解決問題」的思路梳理，發現之前自己的思路真的遺漏很多。這時，我跟張總就專案的思路達成了某種程度上的共識。並且我發現在這種思路的影響下，我向張總闡述想法時，把她當成甲方，會不自覺地加入一些語氣和詞語來表達我們是在幫你系統地解決問題，會讓思維很連貫。

可以看到，在剛加入公司的時候，Bean 的反思日記其實側重於描述結果以及自己的一些感想。而經過訓練後，他的反思能力變得非常強，對一件溝通不太順暢的事情，他能夠從表面的衝突看到背後的原因，以及探尋這個過程中自己是如何思考、如何表達，自己的假設是什麼，最後進展到如何改進和完善。堅持這樣的訓練，我們就能夠見微知著，逐步提升反思能力。

把生活案例化處理

我們讀書就是讀別人的生活經歷和感悟。而最好的書，其實是我們自己的生活經歷和感悟。如果我們能把自己的生活變成一本書，自己就可以是最好的老師。可是，對於自己的生活，我們常常是有經驗，沒反

思。如果我們只有經驗，沒有反思，我們的經驗可能讓自己在錯誤的假設下越走越遠……有一次，我聽到一個朋友說：「教育的根本定義是改變自己，改變自己對經驗的解讀方式。」

我很喜歡這個定義。教育，不是簡簡單單告訴你多少新知識，而是讓你學會如何重新解讀舊經歷，產生新行為。想一想，**我們願意花錢去上商學院，學習別人的案例來改變自己的管理行為，那麼，為什麼不能把自己的生活編輯成案例，來改變自己的行為呢**？

人能夠改變自己，一定是有原因的。我很欽佩卡內基美隆大學教授蘭迪‧鮑許，他在得知自己身患胰腺癌只剩 6 個月的生命時，仍然選擇快樂與樂觀，完成了後來風靡全球的《最後的演講》。如果你還沒有聽過這場演講或讀過他的書，推薦你搜索看一看。

鮑許是一個有熱情和夢想的人。他在自己的演講中推薦了一本書《一分鐘經理人》。這本書非常薄，但是裡面有一個觀點卻非常吸引我：「人之所以會改變，是因為他得到了回饋。」很簡單的一句話，卻觸及了最關鍵的問題：我們之所以不改變，常常是因為我們沒有得到正確而及時的回饋。

生活每天都在生產未經加工的經驗素材。我們的判斷來自經驗，而有效的經驗來自對判斷的反思。**反思，讓我們把生活的素材重新解讀，成為洞見。**

在《窮查理的普通常識》中，查理‧蒙格說明了他是如何對生活經歷進行解讀：

有間魚肉商家叫卡奈森魚肉，而另一個知名公司也叫卡奈森。卡奈森公司為了維護自己的品牌形象，想要收購這個魚肉品牌。每次卡奈森公司的人跑去跟魚販老闆說給他 20 萬美元，他說他要 40 萬；4 年之後說給他 100 萬，老闆說他要 200 萬……就這樣一直討價還價。卡奈森公司一直沒把那個商標買下來。

結果，卡奈森公司的人無奈地跟那位魚販老闆說：「我們打算派我們的品質檢查員到你的魚肉廠，以確保你生產的魚肉都是完美的，所有的費用我們自己出。」

那位老闆非常高興，很快就點頭同意了，他的魚肉廠得到了卡奈森公司免費提供的品管服務。

這是蒙格的一段生活經歷。類似的事情，在我們的生活中也常會遇到。真正重要的是我們如何解讀這件事情，而這決定了人和人的差別：同樣一件事情，不同的解讀深度，就形成不同的認知差別。

就這個故事，你可以停下來想想，從中收穫了什麼？

讓我們看看蒙格從這個生活經歷中學到了什麼。他對這個案例是這樣解讀的：「這段歷史讓我明白，如果你給某人一個他能夠保護的商標，你就創造了巨大的激勵機制。這種激勵機制對文明社會來說是非常有用的，正如你看到的，卡奈森公司為了顧及自己的聲譽，甚至不惜去保護

那些不屬於它的產品。」

　　你有沒有發現，蒙格從這段經歷中抽象出一個規律。他沒有就事論事，而是嘗試構建一個模型：如果你給某間公司或某個人一個他能夠保護的聲譽，這本身就是激勵機制。換句話說，激勵一個人（公司），不一定需要給錢，也可以給他一個名譽，這便能成為激勵他的動力。

　　如果這個假設模型是正確的，那麼我們便獲得一個激勵別人的新工具，而且我們可以在生活的其他場景中觀察到這一現象，並且也能想到如何把它應用在我們自己的生活場景中。比如，戰爭中「尖刀連」「英雄連」的授予，公司頒發的「流動紅旗」，都是在給予一個「可以保護的名譽」從而激勵別人的行為。就我而言，為了維持公眾號原創品質的聲譽，我也會一大早爬起來寫文章。

　　我們可以發現，蒙格從這個看似普通的生活案例中抽象昇華，提出了一個更廣泛的應用假設。這就是我所說的「拆生活」的能力。

　　生活就是一本書，我們每天經歷的事情，都是一個個埋藏著啟發的案例，關鍵是我們必須有能力解讀它。首先，我們要把生活中重要的部分挑選出來，然後才能從中發現更有價值的啟發。而這個過程，都是在鍛鍊反思的能力。

培養寫反思日記的習慣

訓練反思，我每天都用的方法是及時記錄反思日記。不過經常有朋友問我，怎麼才能養成寫反思日記的習慣呢？感覺寫幾天之後，很容易放棄。

是啊，任何事情都是這樣，做一天很容易，但堅持做一年就很難。

堅持反思和盤點，它就會成為持續產生複利效應的工具；不堅持，就什麼都不是。只有堅持，才能有驚人的威力。我仔細回憶了一下，我訓練反思能力、堅持寫反思日記的過程，也不是一帆風順。我就把自己對這個過程的總結分享給大家，或許會有啟發。

‧流水帳階段

小學、初中的時候，我也寫日記。只不過，那時候是完成老師指定的任務；回想起來，那些日記都是看不下去的流水帳，真是沒有什麼用，所以，我一直覺得寫日記這件事情吃力不討好。

轉變的契機發生在 7 年前。因為創業，事情越來越多，我開始學習時間管理的「GTD 法」。GTD 是英文 Getting Things Done 的縮寫，是一種行為管理方法，主要原則在於一個人需要透過記錄的方式把頭腦中的各種任務移出。透過這樣的方式，頭腦可以不用塞滿各種需要完成的事情，從而集中精力於正在完成的事。GTD 法中，有一個要求是進行回顧，而回顧就需要有記錄。恰巧，那個時候我正在看由中國經濟思想

家顧準寫的《顧準日記》，裡面思考的內容也給了我很多感觸。我想，或許可以嘗試繼續寫日記。

於是我就重新開始寫日記，但嘗試了兩三個月後，回過頭來看著自己記下的東西，感覺還是非常流水，寫的盡是自己知道的事情，有什麼用？

當時我有點動搖：每天花時間寫日記，到底有沒有用？

·假設與初步反思

現在回想起來，這個階段是最容易放棄的時候。我當時的一個選擇對後來的結果影響很大。過去，如果我做一件事情沒效果，我會認為這件事情沒用。而這一次，我做出一個全新假設：反思日記一定有用，只是我沒有做對。

這個假設的重要改變在於，過去，我把責任歸因於外部——是事情不對，問題不在我身上；而這次，我把問題歸因於自己——事情沒錯，是我的方法有問題。

這個假設的改變極其重要，它成為我日後遇到問題，進行思考的一個基準模型。

於是，我開始反思自己寫日記的方式。如果我現在寫的日記看起來沒用，那該怎樣寫才能讓我的日記有用處，而不是乾巴巴的、難為自己帶來實質性的提升呢？

我想，如果我把當時的感受、情緒和思考寫下來，而不是單純記錄

事情的結果，或許會好得多。於是我開始嘗試在寫日記的時候，記下當時的情緒和感受。而在我這樣做之後，再回頭看自己過去的日記時會發現，原來自己遇到相似情景時，會產生相似的情緒反應。

我忽然發現了其中的趣味，原來反思還能有這樣的效果。

・透過分類讓自己思考生活

我找到了寫日記的樂趣，於是便又堅持寫了一段時間。這時，我又發現了問題：日記的內容其實有很多是「水貨」。在回顧的時候，自己要看很久才能發現有所啓發的內容。

我忽然想，顧準的日記為什麼能堅持那麼久？雖然早已讀完《顧準日記》，然而由於當時想到這個問題，便心生好奇，又特地把書找出來，想看看有沒有什麼線索。這時，我突然發現，顧準的日記有個很明顯的特點，而自己以前一直沒留意：原來，他不是把生活當成流水帳一樣記下，而是將每天的日記分成不同板塊，每個板塊有一個關鍵字或小標題，然後在每個板塊下寫他的感受和思考。

我瞬間受到了啓發：原來日記中不僅要寫感受，還應當把一天遇到的事情進行分類，然後依照不同的分類進行思考。有了這個想法之後，我發現自己的日記不再是流水帳了。你必須對一天的經歷進行思考和反思，否則一個分類底下寫不了幾句話。

一個簡單的形式改變，就會督促自己主動思考看似平淡的生活，挖掘出過去沒有注意到的環節。從此以後，我的日記就從流水帳進化成了

不同板塊的總結。

・自訂最適合自己的日記方式

當從寫反思日記中獲得樂趣後，我就開始關注和日記有關的資訊，這是「吸引力法則」在起作用。當時我看到一本書叫《晨間日記的奇蹟》，是日本作家佐藤傳寫的。書中，他提到用「九宮格」寫日記的方法，也就是把每天的生活分成 9 個格子來記錄，每個格子的內容可以根據自己的喜好來自訂。

我發現，這不正是《顧準日記》的升級版嗎？於是我開始嘗試這個方法。不過，使用了一個多月後，我覺得用小格子的方式太過約束自己反思深度的發揮，但這種格式化日記的方式在很多方面又確實很有效。於是，我的日記就在九宮格的基礎上進行演變，提前把每天的經歷、感受和思考分成若干個我關注的領域。比如我會用《與成功有約：高效能人士的七個習慣》代替九宮格內容來訓練自己習慣的養成。最後，我引入思考問題的臨界知識作為日記的分類領域，提升自己從底層的系統維度思考每天生活的能力。

就這樣，我的反思日記再次進化。一點一點，我從寫反思日記中收穫了越來越多的益處。這時，我開始能做到自覺寫日記。如果哪天沒有寫，反而心裡很不踏實，感覺沒有反思總結，昨天寶貴的經歷就都浪費掉了。

每日小記	什麼日子？ 今日摘要（MITS）	理財、金錢
天氣：記錄今日天氣 心情：開心 身體：記錄身體狀況 就寢：23：30 起床：08：00	今天是什麼日子、如： 結婚紀念日，和 XX 人 碰面聚會等。 今天摘要（MITS）主要 做今日計劃，遵照「要 事第一」原則找出每天 最重要的三件事。記錄 本欄時，可選「上月」 「想當年」，知道那時 的今天是什麼特殊日子。	總額
成功日記： 昨天成功的 5 件事 成功日記，本欄是回 顧昨天欄 找出昨天最令人高興 的 5 件事情，列出 來，每天給自己積累 正向能量	**人際關係、家庭、朋友** 昨天欄： 回顧昨天在人際關係、 家庭、朋友方面的收穫 今天欄： 可以將人際關係、家庭、 朋友的活動做出計劃。 例如：今天是某位朋友 生日，發短信問候等	**工作、創意、興趣** 本欄是昨天欄，回顧 昨天 工作：可以記錄工作 靈感，不建議羅列瑣 事 記錄創意、興趣
每日箴言，人生感悟 昨天欄 記錄人生感悟，每日 箴言，從網上看到 聽到的都可以寫在上 面，可直接貼上文 字，或打上網址	**健康、飲食、鍛鍊** 昨天欄 記錄昨天的飲食、鍛鍊、 健康問題	**情報、訊息、閱讀** 閱讀：記錄閱讀情況 訊息情報：可以收藏 網路文章 這裡的內容可以結合 Evernote，做週回顧 的時候會很方便

·持續反思帶來的隱形競爭力

回頭來看這件事情，我覺得堅持記反思日記，有兩點非常重要。

第一，就是最初的假設。假設，記日記本身沒有問題；如果有問題，那就一定在自己身上，是自己的方法不對。這一點非常重要，也是我後來的一切嘗試、改進的前提。如果沒有這個假設，我很可能半途而廢，也就沒有後來的一系列進化了。

第二，寫日記能持續，是因為獲得了正回饋。人堅持做一件事情，一定是從中受益。如果一件事情只是煎熬，只有痛苦的回饋，那很難堅持下去。我從最開始單純地記錄事件，到記錄感受和情緒，然後能夠深入思考和反思，再到後面透過反思來鍛鍊自己的基礎思考能力 , 這一切都讓我看到自己一點點在進步：寫反思日記成為自己的隱形競爭力。

當我和其他人花了同樣時間、經歷了同樣事情時，自己的收穫和成長卻和他人完全不一樣。我慢慢發現，**人與人之間的差距不是來自年齡，甚至不是來自經驗，而是來自經驗總結、反思和昇華的能力。**

人的進步和行為的改變，往往來自回饋。如果你不知道你的行為產生什麼影響，你是不會改進的。反思日記是一個幫助我們主動對行為影響進行回饋的工具。

大多數人並沒有意識去對自己行為的可能影響進行主動管理。我們往往是遇到一些挫折，或者遇到很大的困難，把自己逼到非常狀況的時候，才會去反思，而反思日記，是把反思這個偶發的行為變成主動的、持續的行為。

　　過去，你對自己進行一次深入反思和思考可能要兩三個月，甚至半年。其實，不是這兩三個月或者半年之間我們沒有可以改進的地方，而是這些細節被我們忽視了——這些寶貴的改進空間，在不知不覺中溜走了。

　　現在，我們把反思回饋的頻率加強到每天都發生，實際只是在把成長的經驗點一個個積累起來。如果能力增長是一條曲線的話，偶爾反思一下的人，其增長曲線斜率低、坡度緩；每天堅持反思、從生活經歷中不斷改進自己的人，增長曲線就陡得多。

　　而我們能夠這樣堅持每天寫反思日記，反思的能力本身也會逐步提升。

　　好了，到此才把反思這個方法寫完。之所以不惜筆墨，是我認為在提升學習認知能力方面，反思是最最重要和基礎的技能，無論怎麼強調都不過分。

　　接下來，我們終於要談第二個方法「以教為學」。

☑ 以教為學

　　當別人的老師，在我們一般的認知裡是很不容易的一件事。你至少要達到專業級水準，比大多數人強才可以。所以，在學習的過程中，我們很少想到要去教別人，畢竟，我們自己都還在學習的階段呢！

　　我以前也有類似的觀點。可是有一次我參加一個沙龍，演講者介紹了一個新理念：以教為學。

　　以教為學，就是**把教別人的過程做為幫助自己學習的過程**。這聽起來有點難理解，就好像一個人是老師，同時又是學生。不過，如果你把教學這件事想像成知識從高位能向低位能轉化的過程，那麼老師的角色，只要是站在較高的那個小山坡上的人即可，不一定非要是泰山、衡山才可以。

　　孔子曰：「三人行，必有我師焉。」意思就是，一個人不可能在所有方面都不如別人，總有他略強一點的地方。那麼，在這個方面，我們就可能作為老師教別人。

　　你可能會問：「教別人不是在輸出知識嗎？學習是一個輸入知識的過程，為什麼教別人能夠促進學習呢？」這是因為，教別人的過程表面上是知識輸出，但實際上這個過程還有額外的三個價值。

　　第一，**因為要教別人，就會督促自己發現知識阻塞，進一步打通已有知識**。你一定有過向別人講一個你剛學到的知識的經歷。可能你學完之後覺得自己懂了，可是講給別人聽總講不清楚。如果我們講不清楚一個問題，往往是因為有些我們以為知道的知識，其實並不知道。為了講清楚給別人聽，我們就會逼自己主動探索，想明白問題。

　　第二，**教別人的過程，是一個強化記憶和認識的過程**。複述知識其實是強化記憶神經鏈的過程。我們的短期記憶能夠轉化成為長期記憶的關鍵就是不斷重複。而教別人，是一個很好的建立長期記憶的過程，而

且教學的環境讓我們對知識的記憶增添了新的場景，回憶起來更容易。

第三，**教別人之後，別人提出疑問、質疑和新想法，會增強我們的認識**。大家互相交流，能夠讓自己看到原本沒有意識到的問題和可能忽略的環節，從而讓我們對問題的認識更全面。所以，積極主動地教別人，也是我們提升學習能力的重要方法。

想一想，我們學習的重要目的不就是為了應用嗎？如果我們在學習的過程中就提前考慮到怎麼教別人應用，那豈不是一種前瞻思維？這有點像日本知名作家、前麥肯錫顧問大前研一在《思考的技術》這本書中提到的一個方法：「當處於職員位置的時候，就要思考『如果我的職位比現在高兩級，我會怎麼做？』」我們提前教別人，也是站在比自己高兩級的角色立場上思考問題。

那麼，具體以教為學方法的應用中，有什麼技巧嗎？從我個人的經驗來看，有兩個問題非常值得注意。

1. 備課不能知道多少講多少，而要大量查閱資料，購買書籍。

2010 年，還在「第九課堂」擔任業務總監的黃有璨找我開設一門新課「個人知識管理」。黃有璨之所以找我，是因為他了解我一直在這方面有研究。可是，那個時候我自己也是在學習的過程當中，很多認識並不是很深刻。我心裡猶豫不決要不要接受這個邀請？萬一講砸了怎麼辦？

這時，我想起了「以教為學」這個概念。既然我想要在知識管理這

個領域深入研究，那麼這次教學的機會就是我學習的好機會。於是，我就答應了黃有璨。

從答應講課到正式開課，其間有將近 3 個月時間供我準備。我在這段時間內把市面上能夠買到的沾邊書籍全都買來，把網上所有相關文章甚至討論都看了一遍。記錄的筆記，草圖有幾百頁之多，用完了兩個大筆記本。為了 3 個小時的課程，我幾乎耗盡了 3 個月的所有業餘時間。我清楚地記得，正式開課那天是早上 8 點，我凌晨 4 點還在備課修改簡報投影片。

結果，那次講課的效果極好，學員給課程的評分非常高。而我，也透過這次課程完整地構建了整個知識管理的框架系統。本書中的方法和理論，很大一部分都是在這個基礎上發展出來的。

把教學當作一次全面提升拓展自己相關知識領域的機會，能夠極大化提升自己的學習深度。

2. 在備課中，一定要主動查詢不同觀點和反面案例。

我們在教別人的過程中，因為不由自主地成為「老師」的角色，所以也不由自主地把自己放在應該「正確」的位置上。為了讓我們講的道理看起來更合理，我們便會找很多案例來支援自己。但要注意，所有的觀點都能找到支持它的案例，我們更要關注反對的聲音。

我一直把很多重要心理學的基本理論做為我理解和解釋事物的工具，我也是一直這麼告訴別人的。可是你知道，心理學的知識不是「硬

知識」，經常會有很多反例。我必須很謹慎地關注對這些心理學工具的質疑，了解我用的工具什麼時候會失靈。

2016 年《成甲說書》有一期節目講了丹尼爾‧高曼的《EQ》這本書。結果有網友就在我公眾號後臺留言說：「EQ 就是一個偽概念，你不要傳播偽科學了。」這個時候就是你當「老師」，結果別人直接質疑你是「偽科學」。因為網友只是給出結論，沒有給出證據，我就自己上網查詢。結果發現，人們認為 EQ 是偽科學，大概有幾個原因：第一，EQ 可能是智商的一部分，如果你智力足夠好，其實是能夠處理好情緒過程的；第二，EQ 的定義不清晰，邊界模糊，所以無法討論；第三，EQ 無法測量，所以是偽科學。

了解別人質疑的原因，再對比自己的觀點，我就可以更深刻地了解我到底在講什麼。我認為高曼在《EQ》這本書中最核心的觀點是：如何與我們的負面情緒相處，以及如何積極地調動我們的正面情緒，使之發揮更大的作用。而在這兩方面，作者用到的實驗和論據均未被推翻，而且經過了大量重複驗證。至於這個能力是不是應該納入智商裡面，可能更偏向於學術分類討論。

當然，很多心理學家對高曼的 EQ 觀點有很多質疑，但是在情緒處理的方法方面，我還沒看到有力的辯駁。所以，至少我從這本書中收穫了情緒處理能力，說明書中的觀點還是值得信任的。那麼，我也就不考慮通知羅輯思維「得到」的團隊把這期節目下架。如果我研究完發現，我確實在傳播偽科學，那麼，我就要下架節目，向大家致歉了。

所以，以教為學的過程，一定要堅持思考自己所教的內容能不能真的站得住腳，經得起考驗。只有真正知道我們擁有的知識的局限性所在，我們才配真正擁有這個知識。

注意到上面這兩點，我想大家在實踐以教為學這個方法的時候，成長速度會更快。不過可能有朋友會問：你有《成甲說書》平台來講課，我們沒有這樣的機會，怎麼以教為學呢？

其實，以教為學的機會很多，比如：

- 把今天文章中學到的知識講給你的愛人或者同事聽。
- 建立一個學習群組，定期給大家分享你的心得。（我有個朋友就幹這件事，而且還收費，實在太聰明了。）
- 主動要求在一些沙龍裡分享或者建立自己的公眾號寫文章。

這些途徑都是以教為學的好管道，只要用心就能找到更多機會。

⊘ 刻意練習

什麼是刻意練習？

很多人聽到「刻意練習」這個詞，會覺得它的意思應該是：刻苦地、有目的地持續訓練。比如，想要提升寫作能力就刻意地多寫作，想要提

升英語能力就刻意地練習英語聽說讀寫。如果你也這樣理解，你就極大地誤解了刻意練習的意義。

當然，人們會有這樣的誤解，很可能和一個廣為流傳的概念有關：1萬小時天才法則。美國暢銷書作家葛拉威爾在《異數》中告訴我們：「人們眼中的天才之所以卓越非凡，並非天資超人一等，而是付出了持續不斷的努力。只要經過1萬小時的錘鍊，任何人都能從平凡變得超凡。」

這個透過刻苦努力訓練1萬小時就能成為天才的理論給了很多人希望。然而不幸的是，這個理論很可能是錯誤的。首先提出1萬小時天才法則的人，其實是另一位美國心理學家安德斯・艾瑞克森。艾瑞克森在1993年發表過一篇論文，講述他對某所音樂學院三組學生的研究成果。他在《刻意練習》這本書中介紹了這次研究：「我把學院學習小提琴演奏的學生分成三組。第一組是學生中的明星人物，具有成為世界級小提琴演奏家的潛力；第二組學生只被大家認為『比較優秀』；第三組學生的小提琴演奏水準被認為永遠不可能達到專業水準，他們將來的目標只是成為一名公立學校的音樂教師……實際上，到20歲的時候，那些卓越的演奏者已經練習了1萬小時，那些比較優秀的學生練習的時間是8000小時，而那些未來的音樂教師練習的時間只有4000小時。」

這就是被葛拉威爾引用，演繹出1萬小時法則的實驗。

然而，透過這個實驗就提出「只要訓練達1萬小時，每個人都能成為天才」的理論，能站得住腳嗎？艾瑞克森經過大量研究後認為這個理

論站不住腳。

　　那天才型的專家還能不能訓練出來？艾瑞克森說：可以。

　　怎麼訓練呢？**刻意練習**。

　　艾瑞克森經過多年研究得出的結論是：**訓練天才型專家真正重要的是 1 萬小時背後的刻意練習**。在這裡，刻意練習並不是人們之前理解的勤奮與努力。刻意練習的核心假設是：儘管專家級水準是逐漸練出來的，但是關鍵在於受訓者必須透過訓練掌握更高級的心理表徵，才能真正有突飛猛進的進步。

　　這裡的關鍵字是：**心理表徵**。所謂心理表徵，是指我們的大腦在思考問題時對應的心理結構。這個定義太抽象，讓我們舉個容易理解的例子。比如，對於下象棋而言，一個新手下棋的時候，看到的都是車、馬、炮，「馬走日、象走田」，而一個大師看到的卻是棋局走勢與可能的策略。這種對同一個問題有不同的認知方式，就是心理表徵的差別。

　　不過，「心理表徵」這個詞對大多數人而言比較陌生，不是很好理解。用另一個概念會更容易理解，那就是：**元認知**。

什麼是元認知？

　　元認知是**對我們的思考過程的思考**。我們每個人都能意識到自己在思考，但是很少有人能自覺地意識到還可以去思考我們「思考的過程」。這就好比人們很難意識到空氣的存在，魚兒很難意識到水的存在一樣。

然而，正是我們思考的過程，決定了我們思考的結果。

刻意練習，就是提升元認知能力的過程。

我們在元認知上的差別表現爲認知效率與認知深度上的差別。從本質上講，這本書提及的所有方法和努力，都是在追求提升我們的元認知能力。但是，元認知能力的提升是很困難的，因爲我們既有的思考過程有強大的慣性，所以我們必須透過懸掛假設、反思、矯正假設等一系列方法來改變它。而這個過程，實際上就是用刻意練習在改變我們的元認知能力。

元認知與臨界知識是什麼關係？

元認知與臨界知識，一個是思考的過程，一個是思考的工具。舉個例子：元認知就好比我們選擇從北京到天津的道路，可以走省道也可以走高速公路。不用臨界知識，就像是開車去天津選擇走省道，路遠，塞車，浪費時間；而在思考的過程應用臨界知識，就好比開車上高速公路，能夠更快速地到達目的地。認知快速成長就是把省道升級爲高速的過程。

這樣類比未必準確，但便於大家理解。不同的人，有不同的思考過程習慣，也就有不同的元認知。比如，省道型元認知的思考過程是：

看到問題→大腦直接調用直覺、過去經驗、情緒反應→決定採取的

行動

而高速型元認知的思考過程是：

看到問題→思考這個問題的實質是什麼（黃金思維圈）→解決這類問題可能用到的規律是什麼（比如相關臨界知識）→決定採取的行動

在這兩個元認知的過程中，一個是用自己的經驗和直覺處理問題，一個是用臨界知識來處理問題。這樣講，元認知和臨界知識之間的關係就比較好理解了。

所以，刻意練習最關鍵的還不是掌握具體的臨界知識，而是要改變我們的思考過程：有意識地應用更高級的心理表徵解決問題，提升元認知能力。

刻意練習如何與臨界知識結合應用？

如何透過刻意練習來掌握臨界知識和提升元認知能力？就我個人經驗而言，有三個部分：**對基本核心知識劃小圈；將基本知識組合成更大的知識能力單位；在各知識能力單位之間構建認知框架。**

・**對基本核心知識劃小圈**

「劃小圈」這個概念是從維茲勤的《學習的王道》這本書中借鑒過來的，意思是持續、刻意地進行大量精準訓練。比如，在像武術這樣的技能類訓練當中，劃小圈的內容可能是蹲馬步、打直拳等。我們需要反思動作細微的差別，理解這些基本動作的應用並做到熟練。而在認知能力這樣的思維訓練中，劃小圈的內容就是我前面提到的對基本概念、臨界知識、知識阻塞等關鍵地方進行反覆的探究和思考，直到把這個問題參透，弄明白。

・將基本知識組合成更大的能力單位

我們把掌握的核心知識徹底參透，就能夠和其他相關知識組成一個新的知識能力單位，整體使用。比如，游泳這件事情，剛開始練習漂浮、呼吸、拍水等，每個項目都是一個基本的技能，組合起來就成了在水中穿行的新技能：游泳。而一旦學會游泳，就能和其他技能組合了，比如跳水、水底救援這樣更大的能力。

學習認知也一樣。比如對最基本的行銷概念、市場概念理解透徹後，就能夠建立在這些概念之上的認識，形成市場分析和判斷的能力。我自己是做旅遊景觀規劃諮詢的，我發現，公司員工的專業能力成長就是要經歷這麼一個過程：先把市場分析、用戶輪廓、投資政策等基本核心模組參透，然後再把已有的知識進行組合從而形成更高層面的判斷力。**學習水準，某種程度上就是擁有正確的底層關鍵知識的數量，及調動其解決問題的能力之綜合體現。**

· 在各知識能力單位之間構建認知框架

我們對核心概念都參透並組合成知識能力單位之後，接下來要做的就是用認知框架將它們聯繫和整合起來。比如，在商業分析中，可以將複利、邊際效益、規模效應和品牌效應組合成一個認知框架，來判斷一個企業的未來發展潛力。

現在讓我們再回頭看看本書自序中提到的查理·蒙格的一個觀點：**「你必須依靠模型組成的框架來安排你的經驗。」這裡說的「模型」，就是臨界知識，「框架」就是把臨界知識整合起來的認知方式。**而一旦掌握了這個思考方式，我們就徹底升級了自己的元認知能力。換句話說，我們就可以在思考問題的過程中運用與認知框架相關的臨界知識和其他能力，極大地提升認知效率，進而表現出讓人驚訝的認知深度。

總結一下，正因為刻意練習的關鍵是改變我們的思考過程，而這一點正是知識管理的核心所在，刻意練習也成為提升學習能力最重要的底層方法之一。

持續提升學習能力的三個技巧

前面我們談了提升學習能力的理念和方法，接下來聊聊具體執行中有用的三個技巧：記錄、定期回顧與付費購買。

☑ 記錄

提升學習能力的一個重要方法是：記錄下來。

你可能會覺得困惑：寫東西，不是我們日常都做的事情嗎？大家都在寫，怎麼會成爲提升學習能力的重要方法呢？

是的，大家都在寫。可是「寫」與「記錄」是不一樣的。我們大多數人的書寫，往往是記下會議內容，摘抄讀書筆記。然而，這種書寫，如果不進行有意識的組織與目的化的話，對學習能力的提升，幫助就很有限。這就像是福爾摩斯說的：「你只是在看，並沒有觀察。」同樣的道理，你只是在寫，並沒有記錄。

那麼，怎樣才能從書寫升級為記錄呢？有兩個方面要改變。一，**如實地記錄整個事情的發展過程**。我們要嘗試訓練自己記錄發生了「什麼」，是「如何」發生的，而不僅僅是事後自以為是地去解釋「為什麼」，這將改變我們的很多認知。二，**記錄是主動思考的過程，目的是挖掘看得見的事情背後看不見的關係**。

如實地記錄過程

為什麼要如實地記錄過程呢？因為在生活中的大多數情況下，我們對發生的事情是靠大腦記憶，並不會記錄下來。我們以為我們記得過去發生的事情，但事實上心理學家研究發現：時過境遷後，我們會根據現在的情況，扭曲自己過去的想法和對行為的解讀！

比如，一個人想要戒菸，試了好幾次都失敗。這件事情本身很讓人心生挫敗、覺得不舒服。這時候他可能會說：「我沒能戒菸，是因為我真心喜歡抽菸，我的內心其實並不想戒菸……」

在心理學上，有一個概念叫「認知失調」。當我們的認知和行為不一致時，我們往往會扭曲自己的想法，使之符合我們的認知，從而減少「失調」所帶來的不舒服。事實上，不可靠的不僅僅是我們會扭曲自己的想法，甚至我們的記憶本身就很不可靠。

想像一下小時候父母抱著你過生日的場景。在回憶的場景裡，除了你的父母之外，你是不是還看到了孩提時的自己？

那麼問題來了：如果回憶是對你見到的場景進行重播的話，你的回憶裡是不可能有自己的影像的。你之所以能夠看到自己，是因為回憶其實是大腦對過去經歷的重構。回憶中出現的畫面，是我們自己重新構思的。**重構的記憶並不一定可靠，而我們又常常會把我們自己大腦重構的記憶，當成準確無誤的事實。**

我曾經看過一個案例，在庭審中，一位證人的證詞對被告非常不利。

被告辯護律師問證人：「事情過去這麼久了，你沒有可能記錯嗎？」

證人非常自信地說：「我的記憶力非常好，不可能記錯。」

律師問：「你抽菸有 20 年了吧？」

證人說：「是的，怎麼了？」

律師說：「你 20 年前有沒有抽過駱駝牌香菸？」

證人說：「當然抽過。」

律師說：「那麼你還記得駱駝上的阿拉伯人有鬍子還是沒鬍子呢？」

證人仔細想了想，然後堅定地說：「有鬍子。」

這時，律師拿出一盒駱駝牌香菸。駱駝上根本沒有阿拉伯人。

我們不去評價證人是否做偽證，律師是否狡猾，問題的關鍵在於，我們的大腦並不總是可靠，有時會誤導我們相信一個並不存在的「事實」。而且事情的時間間隔越久，我們就越容易對自己當初的行為動機和想法按照對現在有利的結果進行解讀。所以，當我們重新解讀過去的

經驗時，就很可能面臨扭曲事實的風險。如果我們想從這個扭曲過去事實的「哈哈鏡」裡跳出來，就要把事情的過程如實地記錄下來。

沒有記錄，就沒有發生。只有堅持做如實記錄的人才能深刻理解這句話。我自己在過去 6 年的時間裡，堅持把每一天我認為重要的事情記錄下來，這樣我的日記裡面就可以有一個大多數人沒有的項目：回顧去年今日。

在這個環節，我會去看去年的今天發生的事情。這個工作常常會讓自己看到：原來現在遇到的問題，當初也遇到過，自己居然忘了；原來當初思考這件事情時是這樣想的，太不成熟了；原來當初我就找到這個方法，怎麼後來居然忘記了？

是如實記錄，讓我和別人同樣在過了 6 年的時間後，我卻有豐富的材料拿來吸取教訓，加速成長。這是如實記錄過程的第一個價值。

如實記錄還有第二個價值，那就是：**記錄的時間跨度越長，就越可能讓自己看到更深層的規律。**

我們常常沒有辦法從生活中學習，其中一個重要的原因是：我們在生活中遇到的事情超出了我們學習的視界。「視界」是指我們能夠透過經驗進行學習的視野界限。如果事情發生的原因和呈現結果之間的間隔時間太長，我們就很難從中學習。

舉個最簡單的例子：洗澡的時候，出水開關分為冷水和熱水。打開水龍頭，覺得水太冷，我們就擰熱水開關；還不夠熱，再一擰，好燙！於是再往回擰，加冷水，反覆好多次，才能調整到合適的水溫。

為什麼一個簡單的調水溫要反覆很多次？

答案是：擰水龍頭的行為和出水的結果之間有 10 秒鐘的延遲。

因為結果不是即時回饋的，因為有這 10 秒鐘的差距，我們學習其規律便產生了困難。10 秒鐘的延遲，就讓我們無法做出精準的判斷。而生活中有太多事情，其因果關係在時空上並不是密切聯繫的，甚至相距甚遠……這樣的規律對我們的經驗處理系統而言太複雜了，超出學習的視界。

因此，如果我們想要從生活經驗中學習到更底層的規律，我們的記錄就需要比較長的時間跨度。這種時間跨度能讓我們超越簡單的應激直覺反應，看到別人看不到的底層真相。幾千年來流傳下來的一些大智慧，正是這種超越視界的長期經驗的總結，比如：吃虧是福。如果從短期的經驗來看，吃虧是福是不成立的。只有時間夠長，才能獲得吃虧後的福報。事實上，雖然很多人把「吃虧是福」這個道理掛在嘴邊，但在遇到利益衝突的時候仍然會斤斤計較而絕不吃虧，因為這個時候出現在他腦海裡的可不是吃虧是福，而是：「這不公平！」「憑什麼欺負我！」

如果看不到事情背後的長期規律，那麼我們就只能對發生的事情本身做出反應，而無法顧及更長遠的利益。遺憾的是，我們常常生活在這種矛盾中。如果你留心記錄和總結，就會發現自己的很多言行不一，再思考背後的原因，就更容易看到自己思維的陷阱。

所以，如實記錄的時間夠長，就能夠讓不那麼清晰的規律線索逐漸清晰；也只有這樣，才能更好地讓我們的生活變成精彩的案例集。這是

如實記錄過程的第二個價值。

主動思考，挖掘看不見的關係

記錄幫助學習的第二個面向是：記錄是一個主動思考的過程，是一個挖掘看得見事情背後看不見的關係的過程。

前面講如實記錄過程，主要是側重對事情的經過和結果進行記錄。但是，更有價值的記錄，是在這個基礎上進一步記錄自己當時的情緒、思考過程、外部環境條件等。

為什麼要記錄這麼多內容？因為任何一件事情的發展，都受到多方面因素的累加作用。我們當時思考不周全，除了自己對問題理解不透徹以外，可能自己當時的情緒狀況、周邊環境給的壓力，都會加劇問題的嚴重程度。所以，如果要檢視自己當初的決策，就不能僅僅記錄事情的結論，更要記錄可能影響判斷的所有因素。

除了記錄這些影響因素外，最重要的工作就是記錄自己的思考過程。所謂記錄自己的思考過程，一般而言會記錄下面幾個問題：

1. 當時思考時，我考慮這件事情的目標了嗎？如果考慮了，當初的目標是什麼？
2. 在這個目標下，我當時考慮了哪些因素？現在看，這些因素合理嗎？有遺漏嗎？

3. 我當時為什麼會這麼考慮？各種因素中，哪個條件發生變化，結果可能不一樣？

4. 最後的結果和我的預期之間有什麼差距？為什麼？

如果我們對過去一天經歷的事情能夠這樣進行思考，那麼我們的收穫就要大得多。經常有人聽到我說，我早上反思晨修常常需要 2～3 小時，他們會很驚訝：這麼長時間幹什麼呢？我怎麼寫日記 5 分鐘就沒什麼東西可寫了？

這就是原因。記錄的過程，其實是聯想、啟發、歸納、演繹的大集合，是調用自己所有的知識去重新理解過去一天發生的事情。而這種透過書寫記錄、調用知識來解構和重構問題的過程，才是記錄最有價值的部分，也是記錄幫助學習快速提升的關鍵環節！

ⓥ 定期回顧

提升學習能力的第二個重要方法是定期回顧。先舉一個我個人的例子。2015 年 6 月 7 日，我在天壇公園門口準備買票的時候，看到一個老外正努力地比畫著想要表達自己的意思。我看售票員不太能夠理解，便上前幫忙溝通。於是，我和老外 J 便同夥，邊走邊聊。他告訴我，他來自紐約，是紐約音樂學院的老師。他這次來中國交流，有一個下午的

空檔時間，便來參觀天壇。我身為一名擁有英文導遊證卻從未帶過英文團的準導遊，便透過向他講解天壇歷史，承擔起促進中美友誼的工作。這個下午我們聊得很開心，我幫他叫到計程車時，他遞給我一張名片。我和 J 的聯繫就此中斷，也漸漸忘記此事。畢竟，我們的生活沒有什麼交集。

一年後的 6 月 7 日，當我回顧去年今日的日記時，和 J 一起度過的下午便又浮現在腦海。於是我給 J 寫了一封郵件，大致意思是：時光飛逝，一年前的今天我們在北京遊天壇的情景讓我記憶猶新。歡迎他再來中國，也希望他能夠記得天壇的歷史。結果第二天，我收到了 J 的回信，對於我還記得一年前今天的經歷，他非常驚喜，高興地說下次來中國一定請我聽音樂會。我很高興在萬里之遙的紐約，有人會惦記著請我聽音樂會。

這個經歷教了我一件事：**回顧，讓我們能夠在平淡生活中創造驚喜**。

然而，回顧的作用遠不止於此。更重要的是，回顧是讓我們過去記錄和反思價值增倍的過程。換句話說：回顧，有一種神奇的魔力，可以讓看起來平淡無奇的一天，在未來的時刻變得動人而有啟發。

比如，回顧兩年前自己一次談判的失誤，突然意識到自己應該在工作流程中調整一個環節，這樣就能迴避很多風險。類似這樣的事情，在回顧的時候常常發生。

事實上，我發現：**回顧是連接過去與未來的紐帶**。

過往看似平淡的日子，因為時間的力量，因為空間的變化，因為心

境的改變，因為自己的成長，回頭看的時候就產生了新的意義：這種回頭重新檢視過去的做法，讓我更深刻地理解當時的自己，也更能夠理解現在的自己，更重要的是能夠給未來的自己以啟發。

我常常感慨，如果不是養成記錄和回顧的習慣，我的人生經歷會少多少驚喜、觸動和啟發！更重要的是，回顧能夠幫助我們超越反思經驗的局限，拓展我們的視界，看到更加本質的規律。這樣的感受，在我堅持記錄反思兩年以後，越來越深。

最初，我養成記錄反思的習慣後，常常驚喜於自己從一天的生活中學到了新的經驗。然而慢慢地，我發現很多當時以為周全、正確的決策，時間過得越久，自己越能看到其實它們還有不足的地方，因為我們的經驗往往是對事件本身的得失層面做出「正確的反應」，而這個決定很可能在更大的層面上是「錯誤的決定」。

比如，專案進度很緊迫的時候，你要不要招聘一個雖然不符合公司要求，但如果招聘來就能夠快速完成項目的人？再比如，你的兩個部屬因為一個問題爭執不下，你選擇自己做一個決定讓他們不要再爭辯，還是讓他們繼續討論？

我們的生活都是由一個個沒有正確答案的問題拼接而成。有些答案是與時間做朋友的，隨著時間的推移，會越來越產生價值；而有些答案是與時間做敵人的，時間過去越久，越被動。但是，我們常常只能看到和感受到眼前的壓力和困難，無法超出自己的認識邊界做出決定。

對這一點的感悟，讓我慢慢地理解了為什麼稻盛和夫會說：「越是

複雜的問題，越要用基本、簡單的原則思考，比如正直、不撒謊、不貪婪、不給人添麻煩。」遵循這些簡單原則做決定，雖然看起來會讓當時的自己更加窘困，但是這些答案的影響卻是在與時間做朋友。

所以，很多人嘴上在說「吃虧是福」，可是遇到具體利益衝突的時候錙銖必較。為什麼？因為「吃虧是福」的福，要很久才能收穫回報；而這個「虧」卻是要立即吃的。

而回顧，加入了時間的力量，讓我們在審視自己的過往時，有可能超越短期反思經驗的局限。回顧自己過往的經歷，當時的錙銖必較不吃虧好像很有收益，但後來呢？當時堅持一些最基本的做人道理做出了貌似很傻的決定，後來呢？

有了這些思考，自己慢慢地在一些基礎而重要的概念上就有了更深的認識。而這些認識，又進一步讓我們建立了正確的認知基礎，從而能夠理解下一個層級的知識。所以，回顧對個人學習的意義格外重要。

那麼，回顧工作具體要怎麼做呢？我將回顧分為三個層次：週度／月度回顧，主要是微觀層面審視解決問題的假設和效果；年度回顧，檢視基本思維方式和靈感激發；五年以上回顧，探尋基本規律如何影響生活。

週／月度回顧 —— 審視問題解決思路

在每週或每月回顧時，我會結合週計畫目標或月計畫目標來審視關

鍵目標的達成情況。我會問自己：

1. 本週或本月的目標與期望是什麼？
2. 實際情況如何，比預期好還是不好？
3. 為什麼？
   - 做得好的原因是什麼？做得不好的原因是什麼？（當時我的假設是什麼？）
   - 如果現在重新做，將會如何執行？新的假設有什麼不一樣？
   - 「跨領域經驗」的類比與借鑒：思考自己遇到的問題可能與其他領域的哪些問題相類似。他們用了什麼解決思路和方法？他們的假設是什麼？這個假設的原理是什麼？對我認識問題的方式有什麼借鑒？
4. 總結經驗
   - 有效的假設，是在什麼樣的前提下有效的？未來一定要記得避免不考慮條件地亂用這次有效的經驗。
   - 哪些假設這次驗證是錯誤的？哪些行為是未來要堅決避免的？
   - 哪些假設是這次想到或者借鑒的，接下來要嘗試應用的？

此外，在月度回顧中，我還會做一個工作：將本月的新啟發、新方法、新認識、新問題集中匯總起來。

年度回顧——檢視基本思維方式和激發靈感

年度回顧並不是說在年底做年終總結，而是以年為時間跨度進行反思。當持續反思記錄之後，年度回顧會有點像大數據分析。關於這一點，網上有一篇文章介紹林彪在遼西會戰期間的決策案例，給了我很大啟發。

遼西會戰期間，林彪每天都要回顧當天戰役中繳獲武器、車輛、軍官軍階的統計資訊。在一場戰役結束後，參謀例行公事彙報完當天的資料準備走的時候，林彪發現這次戰鬥的統計資料中，繳獲高級武器的比例和俘虜軍官人員的比例都比平時要高。他敏銳地判斷：這是敵軍指揮部的部隊。於是林彪迅速調集部隊追擊，果然實現了遼西會戰的重大勝利。

從日常的記錄和分析中，林彪總結出戰爭中的定律模式，從而能夠透過戰報統計來指導作戰。這很像有人透過統計泡麵的銷量來推測中國農民工數量的變化，或者透過分析長江三角洲地區紙質包裝箱的銷量來推測製造業的經營情況。

我們的年度回顧，也常常能從日常記錄裡發現很多有價值的資訊。例如，我們會發現我們過去用過的好方法現在早就忘記了。而我們過去遇到的問題，現在還會換一個分身出現。就像有句話說的：「人總是好了傷疤忘了疼，重複犯相同的錯誤，只是在不同的時間、不同的地點。」

而年度回顧，能夠幫助我們在較長的時間跨度下，更容易看清錯誤

的根源，從而更好地集中精力解決問題。

五年以上回顧——探尋基本規律如何影響生活

如果我們站在 5 ～ 10 年，甚至更長時間維度回顧審視自己的生活，會有更多奇妙的發現。可是怎麼回顧這麼長時間的內容？

可以善用時間軸回顧法。這個方法分為三步：

1. 審視我們現在所處的狀況
   · 讓我們現在驕傲的事情是什麼？
   · 取得的成就是什麼？
   · 遇到的困難與障礙是什麼？
2. 用三條線索記錄過去 10 年的關鍵事件
   · 發生在自己身上的重要事件
   · 發生在家庭、公司或自己所在機構的重要事件
   · 發生在全域（組織之外，包括國家、世界）的重要事件
3. 看看這些事件有什麼關係，它們如何影響我們今天的生活？
   · 哪些因素比其他因素發揮更大的作用？如果我當時採取其他行動，可能有什麼不同？
   · 在類似的背景下，其他人採取過什麼行動？有什麼值得我借鑒的？

　　雖然這個方法很簡單，但是卻能夠讓我們發現當時看起來不起眼的小事如何影響我們今天的生活；一些基本定律，在 10 年的跨度中始終發揮作用，並沒有因為當時看起來無解就真的不存在了。

　　例如，我對自己過去 10 年的經歷進行時間線梳理時發現，對我今天生活有重大影響的思考方式包括：

1. 我們在收入匱乏的時候，由於缺乏安全感，沒有勇氣投資到雖然認為正確，但是可能結果不確定的領域。我過去錯失的機會和抓住的機會，均印證了投資在基本規律正確的事情上，長期看必然會帶來回報。這一思考方式對我影響重大，讓我在收入匱乏時有信心投資到確定的不確定性上；也讓我們在收入有一定安全空間時，願意更多地投資到這樣的事情上，更有耐心等待時間的積累。

2. 生命中給我極大幫助的貴人，都不是因為我幫助了他們什麼，而是因為他們看到了我如何幫助別人。而我之所以投入那麼大的熱情去幫助別人，只是因為這是我喜歡的事情，不去計較有沒有回報。有意思的是，當我們有熱情和勇氣堅持做超越自身利益的事情時，世界會在你意想不到的時間和地點給你回報。

　　我想，每個人都應該從 10 年以上的跨度回顧審視我們的生活，這樣我們才能超越簡單的經驗學習，看到更加基礎而重要的規律如何影響

我們的生活。回顧，其實是發現很多「短期正確、長期錯誤」方法的工具，如果我們把回顧這個方法運用好，對我們提升學習能力就會有很大的幫助。

　　寫到這裡，關於定期回顧的方法基本就說完了。可是回顧這個工作涉及大量資訊的儲存和定期查看，那怎樣才能有效地管理這些資訊並方便地定期查看呢？工欲善其事，必先利其器。這就要用到好的知識管理工具。我個人一直使用「Evernote」記事。「Evernote」是一款數位筆記本。它的核心功能是：所有想法資料，隨時隨地，彙集一處；無時無刻，便捷查詢。這簡直太酷了！

　　想像你出門看到美食可以拍下來立刻存在 Evernote；你見到多年未見的朋友，可以拍下來，存在 Evernote；你和同事的會議討論，可以錄音存在 Evernote；你收到重要的票據或合約，可以掃描翻拍存在 Evernote……

　　而隨著時間的發酵，一個月兩個月、一年兩年之後，連你自己都忘了的這些生活點滴，在一個偶然的時刻，卻能夠在 Evernote 中看到，這是多麼方便！

　　最好的學習，是從對生活經驗的反思中學習。而 Evernote 可以幫助我們收集歸納每一天的生活。它支援所有的電腦和行動作業系統，你可以隨時打開你儲存的資訊，查看資料。

　　過去，我們在電腦上儲存資料是這樣的：複製→開一個 Word 檔→

貼上→儲存在一個資料夾裡。 時間久了，資料越來越多，找起來卻很麻煩。如果記不起來存在哪裡，還要打開 Word 一個一個去找。 生命應該浪費在美好的事情上，而不是在不停地打開 Word 上。以下分享使用 Evernote 進行知識管理的 5 個小技巧。

1. 把簡訊備份在 Evernote 中

把你的手機簡訊備份在 Evernote 裡。這樣，當你要回顧過去的訊息時，即使手機上沒有儲存，你也可以方便地在電腦端搜索查看。

2. 為每一次重要對話錄音

錄音，最重要的意義是幫助我們記錄溝通的過程，從而讓我們未來回顧的時候能夠更準確地還原當時的情景。比如和主管、客戶開會，筆記記錄的內容總是不容易全面，而且當時你的理解也未必和主管、客戶的意思一致。等你工作展開一段時間，再回過頭來聽當初的發言，你會有種恍然大悟的感覺：原來對方這句話是這個意思！這樣的奇妙感覺我經歷很多次，常能夠發現之前忽略掉的資訊，從而加深對客戶需求的理解。 而且，在聽錄音的時候，我也會聽到當時的自己怎麼那麼笨，怎麼又搶客戶的話了？（檢討……）真是旁聽者清啊。回顧時聽重要的錄音，是一個幫自己深刻反省自己壞毛病的好方法。

3. 提醒定期回顧

如果我們日記裡記下一段重要的思考過程，想要以後回顧查看，但是很可能過一段時間忙起來，這件事情就忘得一乾二淨，怎麼辦？Evernote 有個功能，就是為記事設置提醒。你可以寫好記事後，順手設置一個月或半年後提醒自己查看，這樣就不會忘記了。

4. 建立核對清單

人犯的錯誤分兩種，一種是無知之錯，一種是無能之錯。無知之錯是超出你能力之外的錯誤，錯了就認了。無能之錯是本來能夠解決的，但是由於忘記做一些事情，結果搞砸了。核對清單，就是讓我們避免犯這樣的錯誤。比如我的工作出差是家常便飯，同事也要常常陪著。如果哪次我或同事少帶東西，或者帶了不能帶的東西就麻煩了。於是我列了份出差清單，包括坐飛機前檢查液體洗漱用品不超過 100 毫升、記得提前檢查漫遊費率、去手機訊號可能不佳的偏僻地方提前檢查繳信用卡帳單等。自己檢查一遍，也給同事發一份檢查，太省力了！

再比如，我們要進行年度回顧或者 5 年以上回顧時，有一些固定的問題要問自己。如果每次都重新思考就很麻煩，而 Evernote 可以在年度回顧的頁面提前把問題列好，未來需要的時候直接打開就可以。

5. 回顧重要人脈

科學研究證明，唯一可以從外部獲得持續幸福感的因素就是良好的

人際關係。我在 Evernote 中新建了每個月的日曆，在日曆中會提前安排本月要見的朋友，見面後再在上面記錄見面的場景和收穫。等以後回過頭來，打開每個月分的日曆，看到當時見到的朋友，當時的自己，我們在什麼場景下見面，聊了些什麼……那是一種很奇妙的感覺，而且常常會帶來新的機會。

✅ 付費購買

最後，談一個看起來和提升學習能力關係不大的領域：**付費購買**。

在我看來，我們努力學習的一個重要目的就是：在有限時間內，盡可能多地增進認知深度。而影響我們提升認知效率的因素有兩個：一是**學習內容的數量和品質**，二是**用於學習的時間**。

從宏觀角度看，有助提升認知效率的努力方向也有兩個：一是**想辦法提升自己學習內容的品質並增加數量**；二是**增加有效學習的時間**。

不過，這兩個解決方案其實是有內在衝突的：要學習的知識越多，需要的時間就越多，我們的時間就越不夠。而這兩個因素中，時間是更硬性的因素 —— 我們無法把一天 24 小時再多擠出來一分鐘。因此，我們只能優先提升學習內容的品質。

提升學習內容品質的「買書」哲學

如何提升學習內容的品質呢？最常見的方式是買書。我買書有一個特點：**只要覺得可能會有用的，我就會毫不猶豫地下單購買**。算下來，我一年肯定會買幾百本書。

這和很多人的想法不一樣。不少人會說：我已經買回來的書還沒看完呢，還是等我看完之後再買吧。這就要搞清楚一個問題：我們為什麼買書？

是為了看完書嗎？至少我不是。**我買書不是為了看完全書，而是為了更快速地尋找問題可能的解決方案，探索如何消除知識阻塞**。所以，一本書只要可能對解決我關心的問題有幫助，我就會買回來。我買回來也不急著第一時間把它看完，而是只花幾分鐘的時間閱讀目錄、前言和結論，目的是了解這本書究竟解決什麼問題，思路是什麼，我關心的話題他是怎麼解決的。這樣，我不用讀完整本書就知道以後遇到何種問題可以向它諮詢。這時候，書就好比我的一個私人顧問一樣。如果我們身邊隨時都有合適的顧問，對於我們提高認知效率就是極大的幫助。

要知道，**在深入思考問題的狀態下，能夠在多本書籍之間快速穿梭、尋求解決思路是極為重要的一件事情**。如果在思考問題的時候才上網買書，等書到了，狀況已經沒有了。耽誤的時間所造成的損失，可遠比書貴。所以，我買書，是為了更快速地提高學習效率。

這種買書的方法還只是對多數書籍的做法。對於自己特別喜歡的經

典書籍，需要當成枕邊書常讀的，我會買好幾本。《窮查理的普通常識》我就有好幾本，家裡一本、公司一本、車上一本，想到一個問題的時候，就能隨時翻出來看。

所以，其他人把買書看成花錢，而我則把買書視為投資認知的理財。在我看來，沒有一個理財產品的投資報酬率比提升自我認知更高。越早讓自己的認知升級，就越能享受其帶來的複利效應。所以，付費購買足夠高品質的知識產品，是提升學習效率的一個重要方面。

「買時間」，增加有效學習機會

付費購買還有另一個方面，就是花錢買學習的時間。雖然一天 24 小時不能改變，但我們能想辦法增加用在學習上的時間比例。如果能夠花錢買時間讓自己學習的話，也是非常划算的事。

有人問我，你自創公司，又做《成甲說書》，還寫書，時間怎麼安排得開？

辦法用了很多，很重要的一環就是我想辦法花錢買時間。比如，為了增加反思晨修的時間，我出門就不自己開車，而是找代駕或者搭計程車。我沒有喝酒也是，目的是省出時間來處理適合在車上完成的工作，從而節約出學習的時間。

有一次在晚上尖峰時段的時候，我從通州搭計程車去海淀。司機很好奇地問我：「旁邊就是地鐵站，幾塊錢就到了，為什麼要在這塞車的

時間點搭計程車呢？」我說：「我要在車上睡覺。」

擠地鐵表面上看很便宜，但加上機會成本就很貴了。我工作一天已經很累了，再擠地鐵回去，到家就更累，那麼我晚上就什麼也不能做，需要早早休息。而搭計程車雖然表面上看起來貴，但是這段時間我可以恢復精力；如果睡醒了車還沒到目的地，我還可以在車上處理其他事情，節約了時間仍然很划算。

再比如，同事會很好奇為什麼我已經有了 iPad、MacBook，又買 Surface Pro 4。那麼多電腦，都用得到嗎？

我之所以買 Surface Pro 4，有兩個原因：一是在車上以及其他需要等待的時間裡，我可以用手寫草圖的方式思考問題；二是我的草圖記錄可以隨身攜帶，不需要我再花太多時間尋找過去的記錄。花錢購買能夠幫你省時間的生產力提升工具，是最划算的投資。

同樣，如果有某個我很喜歡的專家談論我關心的話題，我明知過一段時間會有便宜的電子版影片，我可能也會花錢去現場。因為要瞭解對自己有價值的人和觀點，現場感受以及獲取資訊的速度都很重要。

所以，付費買時間，也是提升學習效能的一個重要技巧。

以上就是我對提升學習能力的三個技巧想要分享的內容。這幾個技巧，其實也不是可以速成的「技巧」。但相信我，一旦你可以形成類似這樣的能力，它帶來的長期收益一定比「技巧」要更多。

第三章

發現和應用
自己的臨界知識

在掌握了理念和方法的基礎上，回到核心問題：
如何找到臨界知識？
怎樣能夠把臨界知識真正應用起來，解決知行合一的問題？

爲什麼臨界知識
能四兩撥千斤？

前面我們一直在說學習的方法和心態。接下來，我們開始學習如何發現自己的臨界知識。

在開始這個話題前，我們先弄明白兩件事情：爲什麼臨界知識有四兩撥千斤的效果？是不是只要學習臨界知識，就能立刻快速進步？

先說第一個問題：我對學習臨界知識能夠實現「少即是多」效果的判斷，建立在兩個重要假設的基礎之上。

第一個假設：很多時候，複雜的世界是由簡單的基本規律決定的。

我認識一個老闆，他覺得員工不夠有責任心，就設置很多規章制度來防止不負責的行爲發生。結果在執行的過程中，員工覺得不被信任，就想辦法鑽制度的空子，老闆就設置更多更複雜的制度來對付員工。在這個過程中，老闆心力交瘁，員工也沒有鬥志。

對大多數人而言，解決複雜問題的思路往往是「用複雜對付複雜」，

人們想出更複雜的方法來處理複雜問題。而我的底層假設是：在很多情況下，看起來複雜多變的系統，其實是由背後簡單的基本規律決定的。

科學家經多年研究後發現，動物複雜的群體行為，並不是借助特殊的氣味或聲波在傳遞資訊，統一指揮；而是只要所有的動物都遵守同樣的簡單規則，自然而然就會做出各種複雜的群體行為。

在迪士尼動畫片《海底總動員》中，尼莫和一大群小丑魚在海中暢遊的場景令人印象深刻。可是，這麼複雜的魚群行為，是動畫師一個個設計好，畫出來的嗎？不，他們僅僅給小丑魚們規定幾個簡單的規則，動畫角色便活靈活現地表現各種行為！不覺得震驚嗎？看似複雜的群體行為背後，居然也只是簡單的規則在起作用！

在人類的現實生活中，這一規律也同樣適用。有人踐行「複雜現象背後是簡單規律」而取得重大成就。比如日本的「經營之神」稻盛和夫認為：「面對複雜的問題，要從簡單的、基本的原則入手。」而查理・蒙格則明確提出：「我們要真正認識這個世界，就必須理解並掌握重要學科的基本規律，並把它們當成基本的思維模型來處理問題。」同樣地，臨界知識也是遵循了相似的道理：用簡單的基礎規律來解釋複雜的世界現象。

當然，儘管我們在強調簡單的價值，但是有兩點要注意：

1. 簡單是有限度的。正如愛因斯坦所說：「要盡可能簡單，但不能過分簡單。」

2. 有一些領域的系統就是十分複雜的，難以簡化。換句話說，有些
   領域沒有簡單規律或者至少我們還沒有找到關鍵規律，這個假設
   就不成立。

第二個假設：複雜系統不是簡單的因果關係累加，而是各因素相互影響的動態系統。

對於複雜的問題，多數人最常見的方法是將其分解成簡單的小問題。就像拆收音機一樣，我們通過不斷「格物」來「致知」。運用這一方法取得巨大成就的機構，應該首推麥肯錫。

麥肯錫的工作方法，基本都是運用這樣的思考方式：一個複雜的問題就像一個大餅，你可以把它切成一小塊一小塊的。

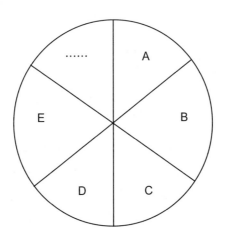

　　從麥肯錫的官網上我們可以看到，他們將複雜的客戶群按行業別進行劃分，由不同的團隊逐個擊破。從《麥肯錫季刊》中可見麥肯錫將行業劃分為：汽車，銀行與保險，商務技術，消費者，醫藥，創新，互聯網與電子商務，宏觀經濟，製造業，私募，人才與領導力，技術、媒體與通信，城市化可持續發展。

　　麥肯錫在解決具體問題的時候，又會按照 MECE（彼此獨立，毫無遺漏）原則，遵循金字塔原理，把複雜問題 A 層層拆解成子問題，通過解決這些小問題，最終解決複雜的問題 A。

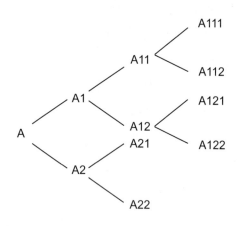

　　麥肯錫的方法，在解決具體問題方面非常有效。

　　我們公司新員工入職的基本訓練之一，便是快速界定問題，結構化分析問題，提出解決問題的假設方案，快速進行驗證試錯。

　　但是這個方法也有一個重大缺陷：它對問題的基本認知結構是簡單

的因果關係。金字塔原理本身就是一個因果結構的思考工具。

用因果關係思考問題是錯的嗎？不一定。但是從複雜系統的角度看，因果關係是片面的，因為在一個系統中，任何一個因素都和其他因素之間有緊密的互動關係。原因本身就是結果，結果也是原因，因即是果，果即是因。聽起來感覺很繞，但是這個假設可能更接近真相。

舉個例子可能更有助於理解。比如你和同事的關係一直處不好，每天見了面都不打招呼。有一天，你下定決心，不再計較，不管對方多麼不友好，你都決定真誠、友善地對他。你不去管對方的態度，只管自己的態度。

結果，堅持一段時間後，你的同事很可能改變對你的看法，進而改變對你的態度。而對方態度的轉變，又更加堅定了你的信心，鼓勵你繼續真誠友善地去對待別人……

在這個過程中，我們可以看到原因和結果是相互影響的。按照《第五項修練》中系統思考的觀點看，我們所處的世界更像是網路的環狀結構，而不是線性的因果結構。在環狀結構裡，所有節點的變化，都會通過影響其他節點最終影響到自身。因此，**一個完整的系統具有動態複雜性的特點**。

而我們將要掌握的臨界知識，正是應對這種不確定性的工具：它可能是系統內部元素間複雜作用關係相互抵消後，呈現出的簡單規律。反而是那些具體領域的技術和技巧，很難用於解決動態不確定性問題。所

以，我們花大力氣訓練學習掌握臨界知識能夠實現四兩撥千斤的效果。

那麼我們再看前面提出的第二個問題：是不是只要學習臨界知識，就能立刻快速進步？

我的答案是：不一定。快速進步這個概念是相對的。比如，有人可能會說：別人不像你這麼費力做這些「基本功」，人家進步得也很快啊。確實如此。有的人可以通過勤奮的思考和大量的練習來掌握某個行業或領域的技術和工作技巧，從而在這個領域中快速成長。這時，他的能力成長路線是這樣的：

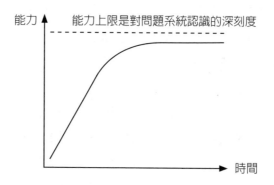

曲線前期的陡升對應著學會具體方法和技術後，我們解決問題能力的快速增長。但是這樣下去也有一個問題：能力提升的後勁會越來越不足。

　　這是因為我們大多數人日常認識和解決問題是依靠直覺、個人經驗、簡單線性思維、意識形態和價值觀偏好。而這種思維方式將導致：（1）我們無法發現事物之間深層次的聯繫——大部分事物似乎是孤立的；（2）在面對超出自己日常工作生活經驗範圍的問題時，不知從何下手，更無法準確地把握關鍵環節，並合理預測事情的發展趨勢。

　　所以很多人在工作了幾年之後，慢慢感覺學不到什麼新東西了，能力增長碰到了天花板。這個天花板，就是你只能相對孤立地、割裂地看問題，而缺乏關於系統底層規律的認識，無法打通知識體系。所以，從長期看，這種學習方式的效率是比較低的。

　　而學習臨界知識，需要在前期不斷訓練和掌握基本的心態和學習方法，速度就會很慢。可是一旦掌握整個學習的理念和方法，學習能力就會大幅提升，你可以將跨領域的知識相互穿插借鑒應用，學習速度越來越快。這兩種不同的學習路徑，對應的增長曲線類似下圖。

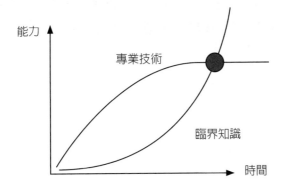

　　我仍記得第一次把研究淘寶皇冠店[①]學到的知識用來和客戶進行商務談判時的激動心情。我知道，我進入了一個全新世界，看到一個解決問題的方法和過去完全不一樣的世界：事物之間有更廣泛而深刻的聯繫，簡單的規律在影響著幾乎所有事物的發展。而你，可以利用這種聯繫和規律，更好地預測和控制未來。

　　這時候我再回頭看查理‧蒙格所說的話，才感受真切：「如果你只是孤立地記住一些事物，試圖把它們硬湊起來，那你無法真正理解任何事情……你必須依靠模型組成的框架來整合你的經驗。」

　　我相信在你真正發現並應用臨界知識後，也會對這段話有全新的理解和認識。只是，學習具體技巧的人多，鑽研臨界知識的人少。所謂「夫夷以近，則遊者眾；險以遠，則至者少」。壯美的風景，都在人跡罕至的地方，哪個領域都一樣。

　　總結一下，**從短期看，學習臨界知識的進步速度未必是最快的，但是從長期看，用臨界知識學習和思考是效率最高的。**

---

①：在淘寶網上銷售超過 10000 件商品的店，在賣家信用便會標示出皇冠，價格和質量都有保障。

如何發現自己的臨界知識？

　　如何找到有價值的臨界知識？前面說過，臨界知識其實是對事物更底層規律的總結。如果我們要找臨界知識，就要去它可能出現的地方尋找。

　　哪些地方比較容易產生臨界知識呢？那便是可信度比較高、適用面比較廣的重要硬學科裡，比如數學、物理、化學、生理學等。

　　看到這裡，你會不會有些疑惑：數學？物理學？生理學？這些課程我們都學過，可是除了加減乘除等基本常識，似乎其他知識和我們日常生活沒什麼關係啊？我們從來沒有發現生理課的知識能給買菜或談判帶來什麼幫助。是不是要在數學和物理這些專業裡，學習更加高深的知識才能明白呢？

　　當然不是。相反地，我們要學習的反而是最基礎而重要的規律，這樣的規律適用面才廣泛。當然，不是說其他軟科學不能產生有用的臨界知識，但是要更加謹慎，多考慮適用條件，比如心理學、經濟學和社會學的概念，我們往往需要深刻理解其原理和前置假設才能應用。

　　那麼，為什麼這些可信度高、適用範圍廣的結論更容易產生臨界知

識呢？

這個問題，要從臨界知識的本質特徵說起。其實臨界知識的思想，核心是用**更加可靠學科的研究方法、思想和結論來處理沒那麼可靠的領域的問題**。簡言之，就是解決問題最穩妥的辦法，是拿可信度更高的方法去處理問題。

比如房價高這個經濟學現象，可以有很多解釋：如溫州炒房團，比如丈母娘經濟，比如對比國際大城市房價等。但這些解釋的立足根基其實並不怎麼牢靠。那麼怎麼辦呢？臨界知識的思路是不用這些「現象原因」解釋問題，或者說不用這些非常具象、未經嚴謹驗證的推測解釋問題，而是借助可靠度更高的原理解釋，比如供需關係、不均衡分布以及規模效應等基礎知識。這樣的解釋未必對，但是顯然可能更可靠，也相對容易檢驗。

所以，**找到可靠的知識學科就容易找到臨界知識**。比如數學，就是一個邏輯推演的學科，數學方法是建立在幾個基礎假設以及邏輯分析之上的。因為數學不依託於真實世界存在，所以只要在它的假設範圍內，幾乎所有的推論都是正確的，那它的知識就很可靠。再比如，物理學。雖然比起數學而言，物理學差那麼一點點，畢竟還是有一部分結論是基於實驗歸納推測的。這麼多年來，尤其是現代物理學的發展，使得這門學科的可靠度相當高。而物理研究物質規律，我們很多生活決策都有物質參與，那麼物理學的結論也就很重要了。

而最熱門的經濟學，很多結論其實是不太可靠的。早些年人們甚至

不承認經濟學是一門科學。直到現在，經濟學內部對很多重要問題都沒有共識，更不要說有可靠的眞理了。不過，也不是說經濟學的結論都沒有用，比如查理‧蒙格很推崇的規模效應，以及與之相關的邊際效應，就是非常重要的臨界知識，也是經濟學原理。而心理學知識，總的來說同樣也不是那麼可信，本來社會學對結論的要求標準就比較低：只要結論大多數下情況成立就可以，甚至只要在特定情況下成立就可以。這不像自然科學，有一個反例就推翻一個定理。不過，心理學的一些研究成果還是很有價值的，雖然不能百分之百在每個人身上每次都起作用，但是做爲一個概率判斷的工作，還是有很大的決策幫助，比如從眾效應、權威效應等。總體而言，只要瞭解其限制條件，是可以當做重要的工具使用的。

因此，對我們而言，找臨界知識的過程，就是尋找對我們有用的、適用範圍廣的可靠知識的過程。那具體怎麼找呢？我個人的經驗是：

1. 從自己感興趣的領域入手，學習這個學科的重要知識

感興趣的領域，無論是行銷、企劃、諮詢、金融、法律、貿易等都可以。我們此前說過，所有現象層面的知識研究到底層之後，都會聯繫起來。所以，從自己感興趣的領域入手去閱讀經典的書籍，從中尋找最重要的原理和知識。具體做的時候，要多留心，看似習以爲常的事情，背後是否應用了我們已有的規律。

比如，很多年輕人都喜歡看 TED 演講，我們會被演講中的科技進

步感動，也會因為一些感人的事蹟而心緒起伏。可是，你有沒有思考過，為什麼那些演講會吸引人呢？如果只是一個演講打動人心，那可能是個人能力原因，如果很多演講都能打動人，那背後很可能有規律。而對這個習以為常的事情探尋原因的好奇心，就是發現事物背後規律的第一步。事實上，有人就專門研究和總結了這個規律，寫出《TED Talk 十八分鐘的祕密》這樣的暢銷書。

如果你以前就瞭解演講的方法，那麼你在看 TED 演講的時候就會提醒自己：「看，他在用『坡道』技巧。」你發現了一個已知的規律在新場合中被應用的實例。

如果你過去並不知道一個好的演講背後有什麼方法，那麼你可能會看 1000 場 TED 演講，進行比較、總結，寫出一本書，那你就從事情中總結出新的假設規律。

這兩種能力對我們發現和掌握臨界知識都很重要。

2. 找到最重要的知識和原理的原始出處

儘管我們可能發現了事情背後的規律，但是這往往還不夠，還要進一步尋找這個規律的原始出處。這個步驟非常重要，也是大多數人在學習研究的時候忽略的一個環節——找到重要的結論是怎麼來的。

比如你可能接觸過 1 萬小時天才定律，大多數人學習這個方法，就是記住這個結論。然而，你要深入研究這個知識的出處是哪裡。仔細找一找，就會發現結論來自心理學家對小提琴手的研究結果。當你知道這

個結論的原始出處，你對這個結論的可能適用範圍，和可能的局限就會有更清晰的認識。

3. 嘗試用更基本的原理來解釋這個知識

這一步工作就到了尋找和建立臨界知識的關鍵步驟。這一步驟，其實是尋找問題的第一性原理。

前面我們提過，伊隆·馬斯克說自己做每一項事業都是用第一性原理思考。實際上，尋找和建立臨界知識的過程，也是用第一性原理思考：**能夠用更加底層、通用的規律解釋，就不用新的假設。** 而這一點，正是科學研究的方法之一。拿 1 萬小時天才定律舉例，對培養大師的現象，作者給出新的結論：高強度訓練 1 萬小時。但是透過溯源到心理學實驗，我們會發現刻意練習很重要。而刻意練習為什麼重要，可從幾個更基本的原理解釋。比如，生理學上的結論：學習知識和行為之間的密切性與對應的神經鏈強弱有關，神經鏈越強，學習掌握得越牢靠。而要強化神經鏈，就要反覆訓練，這一點巴甫洛夫做了很好的證明。所以，持續高強度練習是提升能力的必由之路。同時，對於刻意練習的目的性，我們還可以與第二章「刻意練習」那一節中提到的心理表徵聯繫起來——只有構建提升心理表徵，才能把練習從低水準重複提升到更高層次。

在這個過程中，我們就開始用更底層的知識，來解釋新學到的 1 萬小時天才定律，也理解了這個定理的局限所在。

4. 沒有解釋的時候，想辦法尋找或自己創造一個假設，並驗證

有時候，我們對一個領域的解釋並沒有相關的儲備知識，找不到更底層的解釋。

那麼解決方案就兩個：要嘛我們想辦法查詢相關領域的書籍，看看有沒有別人的研究結論可供參考；要嘛自己給出一個可能的合理化假設，然後想辦法驗證自己的假設是否合理。你可能會感到疑惑，怎麼會自己創造假設呢？其實，這個過程正是科學研究的過程：發現問題，解釋問題，沒有現成的答案就建立一個假設。一旦這個假設被大量的檢驗驗證為真，那麼新的規律就被發現了。

讓我們再舉一個例子說明這個過程。前一段時間影音網站酷 6 網創辦人李善友在羅輯思維替羅振宇代班，講了一集關於「不連續性」的話題，大意是：我們這個世界是非連續的，連續性只不過是我們大腦的一個假象罷了。聽完這個節目時，我發現這個觀點和我所知道的另外兩個案例有關聯。（從感興趣的內容入手）

第一個案例是羅輯思維首席執行長脫不花在混沌研習社的一次分享內容，大意是羅輯思維要砍掉現在十分賺錢的業務——「賣貨電商」這個品項，迎接新的事業。第二個案例是，克里斯汀生在《創新的兩難》中提出的「兩難」問題，即為什麼成功企業管理者做出的每個決策都是正確的，最後卻會導致企業陷入困境。

這兩個案例，都描述了我們這個世界中存在的一種不連續性現象。假設李善友教授提出的不連續性觀點是正確的，且我瞭解的兩個案例都

印證了這種現象的存在，那麼我的問題是：為什麼會出現這種不連續性現象？（李善友老師在他的混沌研習社中給出了自己的證明，但我們不是要找一個答案，而是要培養自己找出答案的能力。）

我的思考是：創新者之所以遇到困境，一個重要的原因就是不願拋棄既有利益，擁抱新價值。你可能會覺得，這些管理者太頑固了，因循守舊，如果換了我，肯定會選擇朝陽產業和未來的希望，怎麼會繼續守舊？

可是想像一下，你的公司現在出售的產品廣受市場歡迎，一年給公司帶來 5000 萬元的利潤，你的房子、名車、陪愛人出國度假的資金都主要來自這個產品。這個時候，有客戶找你，說想做一個新產品，但他的需求很少，一年只有 50 萬元。

如果你答應他的要求，這將占用你現在的生產線，造成主力產品生產停工。這可能導致公司收入下降到 1000 萬元，這個時候你會怎麼辦？放棄賺錢業務，去做這個 50 萬元的項目？如果你這麼想，那我再告訴你一個事實，你幾乎每週都會見到這樣的新客戶，說自己的需求代表未來的主流。可誰是真正的未來，沒人知道。

設身處地想一想，你會發現，這個世界不會自動標注出哪個客戶或產品未來一定會成功，你可以勇敢地投入，但一切都是不確定的。而與此同時，我們眼前的高收入、大房子、出國度假和美食，卻是明確的、可感知的。你能放棄這些確定的幸福享受，而去做一個不知道未來在哪裡，也不確定到底會不會是「新希望」的新專案嗎？

我相信，大部分人不會。為什麼我這麼肯定？因為心理學研究早就

證明了，人有「及時享樂」「厭惡風險」和「只能根據感知到的認識做判斷」的心理特質。人的這些特徵，使得我們對存量敝帚自珍，而難以擁抱充滿風險的增量，這是人性使然。打江山容易，坐江山難。（用更基礎的道理解釋）

我們容易守著既得利益的存量，卻很難放棄已有利益去迎接變革的增量；很多人換一份工作都沒有勇氣，更不要說賭上整個公司命運投入一個未知的領域了。這樣一來，既得利益的公司，就會被那些新創立的沒有包袱的創業者打趴，在最終結果上看起來就是非連續性的。（成功的創業公司是無數創業者試錯及失敗之後的倖存碩果，但大公司沒有那麼多資源進行如此多的試錯，所以轉身並不容易。這也是大公司願意花大錢收購有潛力的新公司的原因。）

你看，現在我們用查理‧蒙格提到的重要學科——心理學的知識解釋了一個企業管理的問題。這就是臨界知識的威力——可以普及地解釋問題。

不過，我們還可以把這個思考繼續深入。前面提到的非連續性都是現象層面的，換句話說，表面上看，我們企業的產品和戰略需要一直變化，所以對管理者提出了很高的要求。但問題是，我們為什麼要一直變革和改進呢？我們之所以變化，恰恰是因為「變化的原因」不變，即企業存在的理由不變——為用戶創造價值是企業存在的基礎。其實「用戶需求是第一位」的要求一直沒有變，只不過我們的企業必須不斷克服自己的弱點，改變自己、挑戰自己，才能滿足這個使用者需求不變的底層

要求。

這讓我想起了一個段子：有個男人一輩子喜新厭舊在換老婆，表面上看起來他一直都在變，可是仔細研究發現，他的底層需求一直沒變，每次都是娶 20 歲的女孩子！這就是在看似變化的現象背後，是一個不變的底層規律——滿足使用者需求不變！（構建自己的假設）

現在，我們又發現了新的臨界知識——真正滿足客戶的需求，是企業決策第一原則！

當我們真正理解這個臨界知識之後，會在創業、帶團隊等需要做管理的時候時刻警醒自己，因為我們知道，這個定律是和我們的人性相悖的！（客戶需求第一，這其實是一個大家都知道的很「舊」的概念，但是我們重新理解了這個概念，當我們能夠以新的角度理解舊的概念並應用它解釋很多新事情的時候，舊概念就成了我們的「新武器」。）

你看，我們通過這種不斷思考，又提出了自己認為重要的臨界知識假設。你可能會好奇：我們提出的這個臨界知識新假設，一定是正確的嗎？確實，答案是：不一定正確。我們提出每個臨界知識假設，都是一個假設而已，是需要被驗證和可能被推翻的。但是，這不重要。重點是，**當你具備了這種不斷質詢、反思探索的學習能力時，在持續的發現和自我否定中，你的臨界知識假設會進化得越來越可靠，越來越有解釋力！**

上面的案例說明了我一直尋找臨界知識的方法，其實說白了也很簡單：**把科學研究的嚴謹方法引入日常的生活思考決策中。**如果你堅持這樣訓練，也能找到自己的臨界知識！

天賦與學習臨界知識的關係

　　前面我們一直在講發現臨界知識其實是探討事物背後底層規律的過程。這個過程要求我們深入專注，耐心研究。事實上，在任何一個領域要做到傑出都不容易，學習臨界知識也不例外，而堅持努力這件事情，除了要有意志力外，更重要的應該是對這個成長過程打從心底熱愛和喜歡。如果我們能夠一邊做自己喜歡的事情，一邊學習臨界知識，就能事半功倍。事實上，這也是我所推薦的方法：**在做你喜歡的事情的過程中，尋找事物背後的規律。**

　　那麼，哪些是我們充滿熱情與喜愛的事情呢？一般而言，是我們具有天賦，或者說具有優勢的領域。那麼，我們就可以從這個方面入手。

　　不過，我發現，這個問題真正的難點在於，大多數人覺得：我好像沒什麼特別喜歡的事情，好像也沒有什麼天賦，怎麼辦？其實，這個過程我也曾經歷過。和大家分享一下我的經歷，或許會對各位有所啟發。

　　直到大學三年級，我都覺得自己是一個特別平庸的人。我甚至覺得，這可能是因為我的名字很普通，如果我叫牛頓或愛因斯坦的話，可能自己取得的成就會更大。

天賦對於我而言，是一種可望而不可及的事情。別說天賦，就連真正的興趣，我似乎也是沒有的。

☑ 努力尋找天賦

在我的整個義務教育階段，每個學生都像模型一般。所謂的興趣，是參加過的培訓班的另一種說法：鋼琴、書法、舞蹈、數學……而天賦是指有的人小學就拿到鋼琴十級；有的人 5 分鐘就解出我都看不懂的數學題目。

而我，屬於模型中那個看不出來有什麼特別的一個。興趣，真正和我的生活發生聯繫，是上大學填寫社團簡歷時讓我撓頭的一項空格。我從來沒有真正思考過興趣和天賦究竟是什麼。直到有一天，我突然意識到：**可能天賦是需要去尋找的**。而我花在思考「我的天賦是什麼？」這件事情上的時間，累計還不如一集《新聞聯播》的時間長。

☑ 找不到天賦，興趣湊

「我的天賦是什麼？」

　　這個問題難以回答的地方在於：「我是有天賦的人嗎？」如果我有天賦的話，不應該早就表現出來了嗎？我至今從未發現自己有神童的經歷；看起來似乎也很難創造光明的未來。我的天賦是什麼？真的想不到答案……

　　那麼，沒有天賦，我總該有點興趣吧？我的興趣是什麼？雖然看起來比起天賦而言，這個問題難度下降不少，但是，我對這個問題是不是有答案，一樣沒有足夠的信心。直到有一天，我讀到一篇文章，教人如何尋找自己的興趣：首先，找到一個安靜的地方，坐下來；然後，拿出一張 A4 紙和一支筆；最後，寫下你想做的所有事情。寫下那些曾經讓你投入其中、忘記時間流逝的事情——那裡面埋藏著你的興趣。我覺得這是一個很扯的方法，因為我按照這個方法做了一遍，發現我最喜歡的事是：聊天。當時我都震驚了，難道我是說相聲的命嗎？或者是 QQ 陪聊，每次 5 毛？

✅ 天賦不是神奇，是理所應當

　　雖然我是真的特別喜歡和人聊天，但是，我認為這樣的能力在過去的人生中，除了給高中班主任帶來無限煩惱外，並沒有什麼價值。不過，我開始慢慢地思考，我為什麼會喜歡「聊天」這件事情。我發現，並不是所有的聊天都會讓我興奮，有時候，聊天聊到一半我也會煩。為什麼

會這樣？

　　我開始意識到：如果我和別人聊天之後，能夠給他人幫助，幫助別人解決問題，獲得別人的感謝與贊許，會讓自己特別有成就感，我會覺得自己很強大，虛榮心也會得到極大的滿足。

　　原來吸引我的是：通過聊天滿足我的虛榮心啊。正所謂：謙虛使人自大，虛榮使人進步。既然我找到了自己感興趣的事情，我就開始把它「發揚光大」，把透過聊天滿足虛榮心這件事當成正事來做。

　　身邊朋友說：「你這樣不累啊？」可是我真不覺得累啊！我樂此不疲。

　　一次，我去一個沙龍做分享之後，主辦人過來和我說：「成甲，我感覺你會發光，你特別能激發別人的潛能。」這句話像閃電一樣擊中了我。是啊！我喜歡的不單單是聊天，也不僅僅是簡單的虛榮心滿足，真正讓我感到興奮的是，通過自己的努力去激發別人的潛能。這些時刻，會讓我覺得自己特別有價值。

　　這時我才發現，原來我是有天賦的。只是過去我對天賦的定義錯了。天賦不是神奇的能力，不是那些看起來高大上、和別人不一樣的東西。

　　天賦，是你自然投入而熟視無睹的事情，是你不由自主，理所當然去做的事情。一件事情，對別人來說是工作，對你來說是樂趣與喜愛。夜幕降臨時，別人長歎一口氣：「今天的工作終於做完了。」而你卻期待著明天的到來──我可以把這件事情做得更好。

這一點點的差別看似微不足道，但把時間的變數放進去，長期的結果會產生驚人差距。

天賦不是絕對稀有的能力。我相信世界上喜歡聊天的人一定有很多，說不定比我更喜歡的人也會有很多 —— 相聲演員郭德綱可能算一個。

但天賦是相對稀缺的能力。一定不是所有人都這麼喜歡通過聊天激勵別人。可能我身邊 80% 的人都不像我這樣喜歡激勵別人。換句話說：在這個領域，我什麼都沒有做就超越了 80% 的人。這是一件多麼了不起的事情。

✓ 從熱愛的事情入手發現臨界知識

我在激勵和幫助別人的過程中，常常需要思考並回答別人的困惑和提出的問題。這個過程倒逼著我去買來很多相關的書籍學習、研究，而我把這些學習的內容付諸實踐，分享給別人之後，在交流中又促進了自己的理解。這個過程，其實就是我們此前提到的以教為學的過程。

而因為我熱愛分享和傳播有價值的觀點，所以逐步成為人脈網路中的節點，朋友們有一些好的機會或者資源，也會主動分享給我。這進一步讓我有機會接觸更優質的學習資源和更高級的學習平臺，一步步提升我的認知水準。

在這期間，我發現**有些知識比其他知識更有解釋力，而這種解釋力往往可以跨領域應用**。發現這一點後，我就逐步地做到掌握一個領域的重要方法和規律之後，快速遷移到其他領域，從而實現自己跨界的能力提升。

上面這個過程，基本就是我從聊天逐步發展到發現臨界知識的過程。整個過程中最關鍵的環節，其實是我找到自己天賦的那個轉捩點。我期望讀者也能花時間去尋找自己的天賦所在，投入其中就能取得事半功倍的效果。

對於如何找到天賦或優勢，除了上文我的經歷供你參考之外，英國企管顧問馬庫斯·白金漢在《發現我的天才》這本書中有一個觀點我覺得非常值得與各位分享，那就是：**你的優勢就是那些讓你感到自己很強大的事**。

這種內心的感受只有我們自己才知道。做讓自己充滿驕傲和成就感的事情非常重要。有時候我們還沒有找到，可能是因為我們還沒有嘗試過。如果你從未上過馬背，怎麼知道自己是不是一個好騎手？你從未吹過小號，怎麼知道自己不是個好樂手？所以，正如 TED 演講人肯·羅賓森教授說的：「嘗試新領域的各種可能性是發現天賦的一部分。」一旦我們找到自己熱愛的事情，就更可能願意深入鑽研下去，如果你還知道在這個領域可以深挖到臨界知識，以此指導你的熱情，那麼，你會比別人更早地理解這些規律，也能更深刻地運用這些方法。

　　寫一節關於天賦與臨界知識關係的內容，這個建議是本書內測階段的讀者提出的。我看到這個建議後，立刻明白這個議題很重要。我們在書中聊到的各種知識和方法，都是我們如何應對外部世界的策略。但更重要的是：你是誰？你喜歡什麼？對於這個世界，你最深層的熱愛是什麼？

　　方法和技巧永遠只是工具；內心的熱情和天賦，才是讓生活創造精彩奇蹟的劍刃。真正重要的是：**我們應當對這個世界充滿好奇，有自己的熱情和獨立思考。**

如何應用臨界知識？

　　在我看來，大多數人讀完我這本書後，都能理解臨界知識的概念；有些讀者通過一段時間訓練，也能透過現象總結出背後的結構和相關的臨界知識。能夠發現和總結出臨界知識，這當然是很大的進步。但是，這距離應用臨界知識解決問題卻還非常遙遠，因為應用規律要比總結規律更難。

　　總結規律往往是用歸納法，可以從眾多現象中尋找背後的規律。而應用規律來設計實現過程則要複雜得多。這就好比參觀一座非常具有美感的建築，你可以通過分析研究這座建築之所以美的原因，總結出一套令建築具有美感的設計方法。可是，如果反過來，告訴你方法讓你自己建造一座美的建築，那就很困難了。

　　總結規律和應用規律之間的難度區別就在這裡。從某種意義上講，這也是「知道」與「做到」之間的一個差別。我們要解決的最核心問題是：**怎樣把臨界知識真正應用起來，解決知行合一的問題？**

　　答案就是我們前面提到的刻意練習。刻意練習我們學到的臨界知識，是我們真正掌握它的關鍵。所謂刻意練習，不是說我們像做練習題

一樣，對同一類問題不停地記憶。恰恰相反，刻意練習至少有兩方面的重複：第一，**在不同的場景中，重複應用同一個臨界知識**；第二，**在不同的時間裡，重複應用同一個臨界知識**。

這個道理說起來很簡單，但是做起來卻有兩個明顯的困難：（1）怎樣在短時間內，想到不同場景來練習？（2）還要在不同時間裡重複練習？

除此之外，要在不同場景中直接聯繫到臨界知識，並不容易。為了解決這個問題，我的辦法是：**遇到問題時，先找這個場景下的專業技術解釋，然後再對專業技術解釋進一步深入分析，聯繫到臨界知識**。這樣，我們就能積累不同場景下臨界知識的應用，從而多角度、全方位地深刻理解這個臨界知識。在未來新的類似場景下，我們就更容易第一時間聯繫到這個臨界知識，產生預見性認知。

實現上面的這些環節並不容易，不是說我們做不到，而是找尋這些案例和制定執行計劃的成本很高。可是沒辦法，我們只能逼自己在每天反思的時候更積極主動地思考，盡可能把當天遇到的場景問題和我們掌握的臨界知識進行聯繫分析。不過我想，如果有人能夠幫我收集不同場景和它們對應的技術解釋，甚至臨界知識就好了，這樣我的成長效率不就高多了嗎？

這一點看起來很難實現，一是用這個方法思考的人本來就很少；二是即使人家思考了，也不大可能寫成書。

所以，我想要的這些知識仍然分散在不同的書籍中。我需要大量閱

讀各種書籍，留心其中涉及的不同場景和技術解釋，自己慢慢地積累。我知道這個過程很緩慢，但是沒辦法。

✅ 借助外部資源掌握臨界知識

直到有一天，我訂閱了萬維鋼的《精英日課》。我訂閱萬維鋼的節目，本來是想瞭解一些思想動態的最新資訊。結果萬維鋼訂閱內容的品質遠超過資訊的標準，充滿了理性的分析和思考。更妙的是，這些理性思考往往是按照「給出一個問題場景＋一個解決方案＋背後理性思考」的方式展開的。

各位有沒有發現，這簡直就是訓練發現臨界知識和對臨界知識在不同場景中應用的天然練習場＋高考習題集！

比如，《精英日課》第7集文章是〈權威的合法性從哪裡來？〉這篇文章的內容源自知名商業作家葛拉威爾的作品《以小勝大》。

這篇文章提出一系列場景問題：你的孩子不聽管教怎麼辦？學生不聽老師的話怎麼辦？下級違抗上級怎麼辦？換句話說：原本你應該擁有權威的場合，卻喪失了權威，這種情況該怎麼處理？

對於這類問題的解答，萬維鋼總結書中觀點，認為必須做到三點：你管理的每一個下屬，他的聲音都必須被你聽到；你制定的規則必須穩定，有預測性，不能朝令夕改；執法必須公平，一視同仁。

你看，上面的這些內容就構建了一個問題場景，並給出了技術解釋。這本來就很棒了！但萬維鋼還進一步對這個技術解釋進行簡化：**確保所有人的聲音你都能聽到，規則穩定有可預見性，公平**。

每每看到這樣一篇文章，我都很開心，這是我進行臨界知識分析的最佳案例。萬維鋼把所有的準備工作都做了，只需要我按部就班地進行：**界定問題，然後分析背後的影響結構**。

關於這篇文章的問題，表面上是：孩子不聽話該怎麼辦？我界定的問題是：如何讓自己的意見更有效地影響別人？

當我們重新界定問題後，答案就會更清晰。我們會發現，這個問題其實就是席爾迪尼的心理學著作《影響力》探討的問題。真是太陽底下沒有新鮮事。在《影響力》中，作者提到六個武器：互惠、喜愛、承諾一致、社會認同、權威、稀缺。這六個方法，應該是構建影響力更底層的規律。那麼，我們看看前面《以小勝大》中的技術解釋，能不能用更簡單的底層規律解釋呢？

1. 確保所有人的聲音你都能聽見。這麼做其實是「互惠」的一種形式。你通過給予別人你的注意力和關心，從而利用互惠效應，讓別人更重視你的意見。

2. 規則穩定，有可預見性。這麼做是「承諾一致」的一種應用。如果你朝令夕改，就會打破別人承諾一致的理由，你的權威自然受損。

3. 公平，執法一視同仁。在我看來，公平是融合了互惠、喜愛和承
　諾一致的要求。

　　按照上面的分析思考，你會發現原來作者提出的三個新的技術解
釋，完全可以用我們已有的、更基礎的知識進行解釋。而我們在這個解
釋的過程中，也更深刻、多角度地理解了互惠、承諾一致等影響力武器。

　　你會不會覺得這樣的思考練習很棒？不，這還不夠，我們還可以超
越原書作者，進行進一步的思考：作者認為有三種方法可以增加我們的
權威；但是，在我們掌握的臨界知識裡，關於影響力的武器至少有六個。

　　所以，我們可以幫助作者進一步完善他的解決方案，比如：

4. 讓管理者的形象和被管理者喜歡的形象結合起來。之前有新聞報
　導，有老師為了給學生減壓，自己扮成濟公的樣子出現在講臺上，
　受到學生熱烈歡迎。可以想像，如果這個老師給學生建議，學生
　是不是更容易接受呢？這其實是簡單應用了「喜愛」的武器。

5. 讓大家看到現在採取的策略，在過去或者其他類似場景中取得的
　成績。就好比告訴員工，十個小夥伴，九個都聽話——這就是應
　用「社會認同」的效應。

6. 在給被管理者建議或意見時，展示這一建議的稀缺性。比如，管
　理者向員工溝通公司新政策時，展示爭取政策的來之不易、為什
　麼其他部門沒有這個政策等，都是在利用「稀缺」效應。

　　歷史上，深諳稀缺之道並取得巨大成功的人，恐怕非庫克船長莫屬。英國人遠洋航行的時候，船員的壞血病是行船最大風險。當時，庫克船長已經隱約知道吃酸菜能夠預防壞血病。於是他下令讓大家吃酸菜，可是水手們都因爲不好吃而抗拒。當行政命令效果不好時怎麼辦？庫克船長沒有強迫、威脅或沮喪，他反而天才般地應用了稀缺原理：他不讓大家吃酸菜了！只有貴族和高等級特許的人員才能吃。這樣一來，吃酸菜成了一個難得的稀缺事件。結果，庫克船長成功地用這個心理學工具讓吃酸菜變得普及。所以，對一個看起來簡單的「稀缺」原理，「知道」和「做到」是兩碼事。對原理的恰當應用能夠救人性命啊！

　　你看，我們可以透過萬維鋼的一篇文章，進行多麼有效的思維訓練啊！而且，萬維鋼的《精英日課》是每天更新文章啊！這樣的高強度對我們訓練接觸各種問題場景和熟悉解決方案而言，是多麼開心的一件事情！所以，自從訂閱了萬維鋼的《精英日課》，我練習臨界知識應用的效率就大幅提升。各位可能覺得，成甲是不是收了萬維鋼的賄賂啊？

　　我承認這有點像在幫忙打廣告，可是我更渴望萬維鋼給我賄賂啊。

　　事實上，我在寫這篇文章的時候和萬維鋼沒有任何直接聯繫，所以也沒有收到紅包……我之所以覺得他的節目好，有兩個原因：日更頻繁，對我這種知識自虐狂而言，太給力了；我更看重的是萬維鋼的物理學家背景。

　　我們之前的文章講到，物理學是臨界知識的重要來源。做爲一門硬科學，物理學要求物理學家們進行理性的、嚴謹的思維分析，能夠在眾

多繁雜的表象背後找到真正的底層原因。而這一點，正是臨界知識的思維方法。所以，正是萬維鋼的物理學家背景，才讓他的文風特別適合我們進行掌握臨界知識的訓練，更好地構建我們的預見性認知。

所以，有類似《精英日課》這樣的外部資源支持我們學習臨界知識，對我們的學習效率有很大的提升。但是，要進一步把這些臨界知識掌握好，僅僅有素材練習還不夠，還要進一步利用刻意練習強化訓練。

✅ 刻意練習掌握臨界知識

我們在前文介紹過「刻意練習」，李叫獸也曾經寫過一篇文章叫〈為什麼你有十年經驗，但成不了專家？〉裡面提到了刻意練習對提升認知的幫助。可是，從應用的角度看，對大多數人而言，我們的學習和工作環境並不能很好地為刻意練習創造條件。

在工作中要進行刻意練習，就要求在剛開始做很多看起來不創造產值的訓練，而公司工作進度又很緊張，對公司而言，直接給你具體的套路照著做是最快捷的。比如，如果你是一個文案編輯，你可以參考寫文案的套路，寫一份草稿給主管把關，然後主管提意見，你來修改。慢慢地，你就知道什麼樣的文案能夠通過主管和客戶的審核了。

如果我們這樣練習提升自己的能力，那麼可能剛開始速度快，但越到後面越會遇到瓶頸。為什麼？因為，刻意練習必須關注兩點：（1）

抓住問題的本質進行訓練；（2）大量地持續練習。

抓住問題的本質進行練習

很多人並不在「更好的心理表徵」這個本質問題上進行探索，努力的過程就事倍功半。比如，在行銷中有一個領域叫作品牌命名，說白了就是取名字。如果你要鍛練品牌命名能力，應該怎麼學習？

大多數人可能去百度搜索「品牌命名」。你會發現第一條結果是：品牌命名的十大方法，比如地域法……於是你開始練習，按照這個方法一個個地嘗試學習。

再打開下一條搜索結果：9種品牌命名方法，裡面告訴你4個原則：認得出，不要生僻字；讀得出，不要拽外語；記得住，占有普遍認知；盡量要和產品有關係。你又學會一招。

如果你這樣學習，就是沒抓住問題的本質。你學習的這些都是具體工作場景的問題解決方案，是在提升技術效率。

那怎樣是提升認知效率呢？你要學習別的高手對這個問題的「心理表徵」是什麼。比如小馬宋就曾經說過，品牌命名的關鍵是降低傳播成本。如果你按照這個認識深度再進行訓練和嘗試，你是不是也能基於此，自己推導出「品牌命名的20種方法」呢？所以，只有抓住問題本質進行練習，才能在相同時間裡比別人成長得更快。

大量地持續練習

2015 年年底，知乎推出了一款付費問答的產品，叫「值乎」。當時小馬宋在上面設置一個價值 10 元的問題，問題的大意是：我知道一個快速提升文案寫作能力的方法。我當時花 10 元買了這個答案。結果這個答案是：閱讀超過 1 萬份經典文案。有些朋友買了之後點了差評，覺得小馬宋的答案哪裡是快速提升文案的方法，這簡直是最笨的辦法了！

我們總覺得每個成功人士背後都有一條捷徑，殊不知，外表看起來的光鮮，背後都是持續刻意的練習。

小馬宋曾經在他的公眾號裡講過他工作後學習的經歷：

> 我那時在廣告公司工作，雖然想法很多，但是真正有用的不多，對於廣告創意的思路也很局限。於是，我用了一個笨辦法，我就閱讀大量的廣告創意案例。那時，我和同事用了半個月的時間，把德國一本世界級廣告創意雜誌 10 年來的作品從網上全部下載下來，一共是 20000 個頂尖創意作品。我又用了近一個月的時間，把它們分門別類地整理成 10 個簡報檔。而我則把這 20000 個創意反覆看了三遍以上。看完這些創意後，我發現，其實市面上大部分廣告，創意方法都是來自這些經典創意，無非變變形式而已。

同時，我也收集了世界上最經典的文案，全部抄寫一遍。大部分經典文案我都是背誦下來或者能夠複述。這時，我寫文案的時候就有了各種不同題材和思路。而我個人也在從事廣告的 6 年間，每天保持閱讀 10 個以上廣告案例的習慣。

正是這些背後的刻意練習，造就今天小馬宋舉重若輕的能力。

對於刻意練習這一點，我也感同身受。過去幾年來，我每天堅持 1 ～ 3 小時的反思晨修，再加上每天高強度的思考和閱讀，才一點點地挖掘出自己看問題的能力，讓自己越來越容易直指要害，反思問題才能讓別人覺得深刻。認知能力提升的背後，偷不得一點懶。關於如何練習掌握臨界知識，其實《學習的王道》作者維茲勤說過一句話，回答了這個問題：「我們能成為頂尖選手並沒有什麼祕訣，而是對可能是基本技能的東西，有更深刻的理解。」

✅ 臨界知識與預見性認知

臨界知識還有哪些應用場景？我前面提到過，學習知識的終極目的無非三個：**解釋問題、解決問題，和預測問題。**上文提到很多用臨界知識解釋和解決問題的場景，實際上掌握臨界知識，對提升我們的預見性認知、提升我們對未來的預測能力更重要。

先來看一個例子。1942年，牙買加中部的一個小鎮有一對教師夫婦，他們的女兒喬伊絲剛剛參加完初中升高中的考試。考試結果出來了，喬伊絲通過考試，但沒有獎學金。那天夜裡，喬伊絲無意中聽到父母悄悄地說：「我們的錢確實不夠。」事實上，父母把自己所有積蓄拿出來，也只夠女兒第一年的學費和校服費用，第二年的錢是沒有著落的。喬伊絲的父親飽讀詩書，而且很有修養，也很希望自己的女兒有出息。

經過一晚上的思考，第二天喬伊絲來問父親，父親只說「我們已經沒有錢了。」，扭頭回到他的書房。

對於大多數牙買加普通家庭的孩子而言，這是不得不面對的結局。不過，喬伊絲的母親卻不甘心。她走出門，來到鄰村，不知道用什麼方法從中國人的商店裡借到學費。從喬伊絲進入高中，到最終離開牙買加去英國讀大學，整個過程中喬伊絲的母親起到至關重要的作用。從此，這個牙買加普通家庭的命運發生改變。

喬伊絲嫁給一位英國數學家，之後兩人又移居加拿大住進漂亮的別墅。而他們的一個兒子，正是提出「1萬小時天才定律」的作者，著作包括《引爆趨勢》《異數》《決斷2秒間》等的知名商業作家麥爾坎‧葛拉威爾。

這個牙買加的故事來自《異數》，作者葛拉威爾講述自己母親和外婆的故事。這樣的故事，我們中國人也很熟悉，很多人甚至可能就有過類似的親身經歷：一個決定，改變一個家族的命運。

這個故事的結局很美好，但我要回到當時的情境中，問一個問題：為什麼面對同樣一個艱難的處境，飽讀詩書的父親給出的回答是「我們的錢不夠」，而母親的選擇是「不惜代價實現它」？

再假如，在當時的場景下，換做你是孩子的母親或父親，你會做出什麼樣的抉擇？

關鍵的預見性認知

在困難的情境下，不同人會做出不同選擇。對此，我們通常的解釋是：性格差異。

確實，有的人更加冒險，有的人更加保守。不過在我看來，這種差別更多來自我們對未來的相信程度。換句話說，如果喬伊絲的父親事先可以知道送女兒去高中會讓家族的命運發生改變的話，你覺得他會不會更勇敢些？如果你知道明天比賽的勝者是誰，你投注時就會比其他人看起來更勇於冒險；如果你知道明年房價走勢如何，在處理房產的事情上你就比別人看起來更果敢。所以，我們的決策是基於我們獲得的資訊品質。

相較喬伊絲的父親而言，在是否更果敢地送女兒上學這件事上，母親似乎比父親更具有預見性。儘管這個預見性可能來自直覺或愛，但我們仍有理由相信：**如果一個人具備「預見性認知」的能力，那他的優勢就要大得多。**

問題的關鍵在於：第一，我們能夠培養預見性認知的能力嗎？第二，如果可以，要怎麼做呢？

先說第一點，我們能不能獲得預見性認知？答案自然是可以。比如，雖然我現在活著，但我們知道每個人都會死，我也不例外，這就是一種預見性認知。雖然這個例子看起來實在太簡單，但它背後隱藏了一個關於預見性認知的重要規律：如果你能夠瞭解一件事情的基本發展規律，比如人人都會死，你就能做出一些關於未來的判斷。

那麼這就涉及第二個問題了，如何獲得預見性認知？（當然，預見的精度是另一個問題，我們會在後文談到。）要想獲得預見性認知，一個重要的環節便是掌握臨界知識。不過，對這個問題的解答，讓我們先反過來思考，看看怎樣做會阻礙我們獲得預見性認知。我在觀察別人和反思自己的思考過程中，發現有兩個認知習慣阻礙我們獲得預見性認知，那就是：**應激性反應**和**單因果思考方式**。

應激性反應與單因果思考方式

愚人節的下午，傑克沒有通知女友黛西便悄悄潛入她的屋子裡，準備在黛西回家時給她一個驚喜。他讓朋友架好攝影機對準門口，以記錄下女友開門後看到他扮的鬼怪時驚慌失措的反應。

時針到了下午 5 點，門外腳步聲越來越近。鑰匙轉動的聲音響起，

黛西一手拎著包，一手推門。當她把視線從鑰匙上移開抬頭看屋裡時，一個可怕的血淋淋怪物就站在門口。黛西尖叫一聲，扔下包倒退著跑出去，傑克哈哈大笑地追了出去。這時攝影機的鏡頭裡出現一輛大貨車，直接撞到正在恐懼中慌不擇路的黛西。

在這場悲劇裡，讓黛西慌不擇路跑到馬路上的是她的應激性反應。我們的祖先遺傳給我們的這種應對突發情況立刻做出直接反應的能力，讓我們避開足夠多的危險活到今天。不過，在我們面對更加複雜的情況、本需要三思而後行的時候，這種應激的反應方式卻讓我們不由自主地做出簡單反應，喪失全面思考的能力。我想，喬伊絲的爸爸在面對巨大財務壓力和完全不確定的未來時，他的大腦一定會應激性地發出這樣的聲音：沒有錢很危險，要安全，安全，安全！

我之所以知道，是因為我的大腦裡就有過這樣的聲音。在我剛創業沒多久的時候，有一次客戶一直拖欠款項，導致當時公司帳面上的錢只夠發兩個月的工資。我的壓力很大，這一點從我嘴角邊快速冒出的血泡可以證明。當時，有一個機會送公司員工出國培訓，但是這次活動開銷很大，要花掉公司一半存款。這時，我和喬伊絲的父親一樣，腦海裡的聲音是：沒錢很危險，要安全，安全，安全！

我把這種在需要抉擇時，思考與決策受情緒和感受簡單左右的過程稱為應激性反應。比如面對結婚是否買房的壓力時，臨近畢業找工作面對各種選擇時……類似的情況太多太多，從中都會看到我們應激性反應的影子。而這種對單一事件本身做出反應的方式，進一步影響到我們生

活中的其他決策，逐步促使我們形成單因果的思考方式。換句話說，我們在考慮得失時，很容易陷入細節的問題或表象的問題裡。

比如，喬伊絲的父親考慮女兒升學的問題，就很容易被表象問題——「存款是否夠付學費」這個問題限制，從而想不到上學本身帶來的潛在收益。

正如哈佛大學經濟學家森迪爾・穆蘭納珊的熱門研究「窮人思維」中所指出：「窮人的思維頻寬被眼前的危機占滿了，他們沒有多餘的空間來考慮長遠。」其實，我們大多數人也都有這種窄頻寬的窮人思維、單因果的思考方式，只不過在物質資源更緊缺時，我們會不由自主地進一步強化這種現象。

結構性反應與系統化思考方式

與應激性反應相對應的是結構性反應。所謂結構性反應，是指**我們在做選擇時，不僅要根據接觸到的現象做出反應，還要思考導致這個現象的系統結構是什麼**。在股市裡，幾乎人人都知道一句話：「別人買進的時候，你賣出；別人賣出的時候，你買進。」不過，縱然股民知道這一點，大部分人也做不到，因為他們知道的仍然是一個「現象」。

我有一個朋友，在基金投資業聲名顯赫，他的特點便是能夠做到別人買進他賣出，別人賣出他買進。有一次我問他：「你是怎麼做到這一點的？」他笑了笑說：「我不看別人買進還是賣出，我看的是結構與未

來。」看我有點困惑，他繼續說：「投資就是投未來。人們都是根據現在的股市情況來決定現在的買入賣出，這樣你就會被現象牽著走。」

「那怎麼才能知道未來呢？」

「結構。」

「結構？」

「是的，今天的我們是由過去我們的選擇造就的。那麼，明天的我們，也是由今天的選擇決定的。我們的不同選擇，造成不同的力量結構，就會推動未來向不同的方向發展。找到今天的結構，就能找到投資明天的機會。」

幾年前的這次對話，讓我茅塞頓開。是的，結構決定走向，走向決定未來。所謂結構，是指任何一件事情都可以看做一個系統。而任何一個系統，都有多個元素組成，這些系統組成元素之間的關係形成了結構。

比如，你看到一個家庭對孩子的教育總是傾向讓孩子留在父母身邊，不要去外邊受苦，你基本上可以預見這個家庭的社會地位在未來不會有太大的突破性提升，因為把家庭未來地位的發展情況看做一個系統的話，這個系統的重要組成元素一定包括接觸新機會的可能性。而在一個讓孩子留在身邊的系統結構裡，機會因素被極大弱化，所以，你可以預見，從長期來看這種結構就降低了家庭跨越式發展的可能性。同樣地，如果你看到一個公司總是把賺錢放在第一位，不顧用戶價值，那麼你也能預見這個公司不會變得多偉大。

你掌握的結構越多，對未來的瞭解就越多。如果我們把各種結構的作用以及這些結構間的互動效應當成一個整體來考慮，那麼，我們就形成了完全不同於「單因果思考方式」的「系統化思考」：單因果思考，是對問題本身做出反應；而系統化思考，是將問題背後的推動因素納入一個整體進行思考。

如果你看過《第五項修練》，那麼一定會對書中提到的「系統基模」印象深刻。所謂「基模」，就是各種事物發展中常見的基礎模式，比如增長極限、捨本逐末、公地悲劇等。這些模式在生活中無處不在：從生態系統，到公司管理，再到個人成長。

這些模式本身就是一個結構，而每個結構都受特定的基模規律影響。比如，增長極限背後有複利增長規律和臨界值規律的影響。換句話說，如果我們理解複利和臨界值的概念，便能推測出增長極限的模式。而我們掌握這些規律，並能夠應用到生活中時，便具備了預見性認知的能力：瞭解整個系統的發展態勢。

解釋問題的三個層次

前面我們提到，熟練地掌握事物發展的基礎規律，並把它應用到生活中，我們就能逐步培養「預見性認知」的能力。我們可用一個等式來表示：

對問題的預見性認知＝影響問題發展的結構（基礎規律）＋獲得具體資訊的數量與品質

其中，基礎規律就是本書中提到的核心概念：臨界知識。而預見性認知的品質，很大程度上取決於我們對問題的界定：我們面臨的問題究竟是什麼？

不同的人，面臨同樣的情況，界定的問題是完全不一樣的。比如，對於喬伊絲入學的事情，父親界定的問題是：我們的存款夠不夠？而母親界定的問題是：怎樣讓女兒離開牙買加？問題不一樣，答案也就不一樣。所以說，好的答案來自好的問題。

不過，大多數人從未想過生活中的問題是需要「界定」的──「找不到工作」不就是「找不到工作」這個顯而易見的問題嗎？所以，我們的答案總是來自我們認知中所默認的問題。按照這個思路，我們要判斷一個人對問題的理解深度，只要看他對問題解釋的深度就可以了。在我看來，人們對問題的解釋大致可分為三個層次：**現象解釋、技術規律解釋**，和**通用規律解釋**。

比如，對於「得到」App 為什麼能夠快速崛起，可能就會有這三個層面的解釋：

現象層面

因為有羅輯思維這個 900 萬用戶的公眾號導流，所以才會發展速度

快啊！

技術規律層面

在內容方面：有羅輯思維多年內容製作的基礎，所以內容品質很高。

在支付方面：因為支付寶、微信等移動支付的成熟，為內容付費的技術壁壘被打破。

在時機方面：正趕上互聯網內容創業的風口，受關注度高。

底層規律層面

用戶價值第一：知識對經濟的推動作用越來越大，同時免費的資訊極度氾濫，這反而使獲取有價值資訊的成本越來越高。因此，使用者產生通過付費獲得優質內容、節約時間提升競爭力的需求。

品牌效應：羅輯思維為新創立的「得到」品牌提供重要的品質背書，這為吸引種子用戶起到重要作用。

規模效應：採用音頻而非羅輯思維傳統的視頻節目形式，極大地降低內容製作的難度並縮減生產週期。這一變化使「得到」在用戶快速增長後，仍能較好地應對大家對節目數量需求的增加，進一步發揮規模效應。

從眾效應：當使用者規模達到一定邊界後，就會引發從眾效應。如果這一趨勢增強，將使「得到」本身的品牌效應進一步放大。

邊際成本低：採用標準化的內容生產方式（訂閱、說書、說課等）

再加上幾乎無售後和線下環節,使用戶增長的邊際成本幾乎爲零,這能夠進一步支持和放大規模效應。

綜合效應:以上幾個效應相互作用,共同影響著「得到」業務的發展。

通過這個例子我們可以看到:現象解釋主要是應激性反應,直接對表面的現象做解釋;技術規律則更深刻,能夠找到這個專業領域的重要規律;而底層規律則跨越專業限制,用更加基本的知識來解釋現象——用戶價值第一、品牌效應、規模效應、從眾效應、邊際成本等知識,是受過普通大學教育的人都知道的基礎知識。而這些知識,其實就是我們提到的臨界知識。

所以說,**臨界知識能幫助我們做預測**。關於這一點,讓我們再看一個案例。

「看得見的設計」與「看不見的設計」

羅輯思維的「得到」App 上有兩款知識訂閱產品:一款叫《通往財富自由之路》,作者是李笑來;另一款是《精英日課》,作者是萬維鋼。雖然兩個訂閱的名稱不一樣,但實質上都是在講認知改變,升級思考系統。

這兩個訂閱產品的銷量都很好,都不斷被「得到」App 的首頁推薦,

售價都一樣。這兩個產品看起來只有一個差別：更新頻率不一樣。李笑來是每週更新一篇主文，萬維鋼是每天更新一篇主文。李笑來是把大量使用者留言轉化為內容，萬維鋼是偶爾回答一下用戶問題。

	李笑來	萬維鋼
內容更新頻率	每週一篇主文	每天一篇主文
內容生產方式	用戶生產內容占大比例	基本都是萬維鋼自己的內容

這點差別你可能覺得沒什麼，作者個人喜好而已。但是，在我看來，事實上兩人的訂閱產品卻有著巨大差異。如果我們繞到這些現象的背後，去思考這個系統背後可能的影響因素及其基本規律，就會發現：這些看起來不起眼的差別會導致更深層的差別。

1. 內容更新頻率差別的背後，是巨大的機會成本差別。

一周更新 1 篇主文和一周更新 7 篇主文，後者的工作量是前者的 7 倍。假設李笑來和萬維鋼寫作速度相同，完成一篇主文都需要 1 天時間。那就意味著，李笑來在完成每週的訂閱文章任務後，還有 6 天時間可以自由支配：他可以用這些時間做回覆用戶留言、維護他的新生大學社群、去知乎做個「live」（知乎的即時問答互動產品）等行銷推廣活動。而

萬維鋼卻很難騰出大塊時間去做這些事情，因為他的訂閱節奏安排就註定要占用他的大部分時間資源。

事實上，我們看到李笑來近期在不斷參加各種活動來開拓新市場，而萬維鋼卻很難有這樣的精力。當然，對於萬維鋼而言，要做類似的推廣，可能身在美國也是一個不利因素。但是，真正放大這一不利因素的，是他可能沒有足夠的自由支配時間。而在內容創業的風口期，曝光與新機會的拓展，對於李笑來或者萬維鋼這樣的知識大咖發展至關重要──複利效應的差別巨大。

但有意思的是，這些差別和作者的努力沒有關係，產品在設計的時候就決定了這一切。一個有時間去開拓新的戰略增長空間，一個需要把主要的時間投入已有的戰場，喪失了縱深空間。此為看不見的差別之一。

2. 內容生產方式差別的背後，是用戶價值挖掘的差別。

李笑來在他的訂閱產品裡，不僅每週拿出三天時間回覆用戶問題，而且為了激勵用戶留言互動，每週還挪出一天時間發布獲獎名單！這樣做的好處，除了給李笑來節省時間，還在用戶價值挖掘上形成了一定優勢。

（1）從互動與陪伴中建立社群認同，帶來行銷紅利。

李笑來每週專門拿禮物激勵用戶留言互動，就是要增加這種參與感和主人翁的情感體驗。社群內的積極留言越多，互動越頻繁，就越會在

群體中產生認同感，創造所謂的「氛圍」；而氛圍的形成是社群文化建立的標誌，也是成員歸屬感的基礎。正是這種互動和社群氛圍的建立，才讓李笑來能夠借助這個社群力量，進一步挖掘用戶價值，創造行銷紅利。

比如，李笑來會讓自己的用戶以「幫我一個忙」的形式推廣訂閱產品，甚至有使用者列印出李笑來訂閱節目的布條旗放在自家飯店門口幫助李笑來做推廣。

（2）基於互動和社群氛圍建立，能夠植入更多相關的產品。

可以想像，如果沒有互動環節，要在自己文章裡植入其他產品，只能偶爾為之。而使用者的問答環節，則把產品銷售融入說明使用者解決痛苦的過程中，這就要自然、合理得多。所以，李笑來透過鼓勵使用者生產內容、參與互動的方式培養社群黏性：一方面，用戶在自己參與和觀看別人參與的過程中有更多的收穫和認同感；另一方面，有了認同感的用戶，就從消費者變成了粉絲。而一旦把消費者變成粉絲，就等於把已經付費用戶的價值再放大挖掘了一次。在這種情況下，就算別人和李笑來擁有相同的用戶數量，李笑來的用戶產出價值也更高。

上面的這些分析讓我們看到：看起來很類似的訂閱產品，只是在形式上有一點點不同，就會在未來的營運中帶來巨大差異。不過，只是看到問題的表象還不夠，我們要繼續深入問一個問題：為什麼都是第一次

在「得到」推出訂閱產品，兩者的產品設計差異如此大？你當然可以找出很多外部原因，比如李笑來有更長期的社群實踐經驗，而萬維鋼過去主要是一個科學家。這當然是一個可能原因。但是，讓我們回到更純粹的問題上：是什麼決定了產品的設計？難道僅僅是經驗決定產品嗎？顯然不是。

我自己就是一名景觀設計師。在我看來，一款產品的設計也分為「看得見的設計」和「看不見的設計」。所謂「看得見的設計」，是指功能設計和用戶體驗設計。比如，李笑來的產品功能就是幫助大家打開通往財富自由的認知障礙；而萬維鋼的產品功能就是「幫你與全球精英大腦保持同步」。在這個層面上，李笑來和萬維鋼的產品都沒有問題，這也是大多數產品經理人最容易看到的部分。

但是，還有「看不見的設計」：在這個層面，更多的是產品實現後營運的設計和利潤點的設計。而對這個問題的設計，卻被很多人忽略了。在我看來，李笑來和萬維鋼兩人節目真正的差異不在於內容品質，而在**營運**和**利潤點**的設計上。

從這個案例上我們可以看到，我在景觀設計方面積累的認知能力可以遷移到互聯網產品的營運分析中。這種認知能力之所以可遷移，就是因為臨界知識是可以在多個領域發揮作用的。未來的競爭是「預見性認知」的競爭。我們的認知方式，大致就分為歸納和演繹兩種。

對產品設計的功能分析，就側重於總結性的認知；而對營運和利潤模式這樣的設計，更需要預見性認知。但我們大多數人擅長歸納的方

法，而不擅長對未來進行預見性的認知（有根據地進行推測）。這是為什麼呢？

我覺得至少有兩方面的原因。首先，「有根據地進行推測」本身就比歸納法難以應用。比如，你想瞭解用戶需求，最常見的方法就是進行用戶訪談調查，收集不同用戶的意見，然後總結歸納出用戶需求。這就是通過歸納法瞭解用戶需求。

但是賈伯斯說：「我從來不做市場調查，我不問使用者需要什麼。」賈伯斯對用戶需求的理解，是從更基本的人性出發的，比如簡潔和美，以此為基礎設計產品，反而更直指人心。可是，對於大多數產品經理而言，從「簡潔和美」這樣的哲學命題出發，最後做出一款具體的產品，難度是非常大的。所以，用這種方法進行設計的產品經理，仍然是少數。

其次，我們的生活和教育經歷也缺乏這種訓練。我們從小學到大學的教育，都是給定我們一個問題，去找出正確答案。而要培養預見性的認知，更重要的是培養提出問題的能力 —— 多問「為什麼」，掌握背後的規律，才能形成預見性。透過前面對李笑來訂閱產品的分析，我們可以看到提前合理預判的能力隱藏著巨大的商業價值。而且，我個人認為，這種稀缺的預見性認知能力，將在未來競爭中起到越來越重要的作用。

一方面，我們所處時代的經濟階段對預見性認知能力的要求越來越高。中國的經濟發展在過去幾十年大致從資源驅動型，到後來的技術驅動型，向現在正在發生的創新驅動型演進。在創新驅動的階段，技術不

再是第一位，只是創造價值過程中重要的一環。比如「得到」App 的技術並不複雜，但是卻引領了用戶為知識付費的內容創業熱潮。我們可以看到，在眾多內容創業團隊和知識 App 中，羅輯思維對商業邏輯的底層認知才是其異軍突起、快速成長的戰略優勢。

另一方面，隨著中國創業熱潮的發展，社會分工越來越細化，具備專業技能的個人甚至可以「隨身碟化生存」，我們獲取各種專業服務的成本便不斷降低。這就意味著，過去需要很大交易成本才能實現的構想，現在要容易得多。想想看，20 年前列印一個檔需要專業的打字員才能完成；而現在你想要的幾乎任何功能，互聯網都可以幫你實現。

換言之，我們實現一個想法的可能性在不斷提高，成本在不斷降低。過去靠資源壟斷或者固守專業技能而過得很舒服的人，將被迫面臨激烈的競爭甚至被替代，這些專業能力的低成本擴散使得「有能力組織資源實現戰略意圖」的人越來越多。

換句話說，創業門檻在降低。這個過程其實加速了人們在認知層面的競爭。具備預見性認知能力的人，因為提前在戰略要地進行布局，在後來的競爭中將占據極大優勢。

所以，**過去我們對知識管理的認識，更多的是在提高搜索資訊的效率、提升把學到的知識轉變成行動的效率這些層面，卻幾乎沒有關注將知識的根本結構打通。而對臨界知識的掌握和應用，能說明我們構建根本認知，進而提升實現預見性認知的能力。**

用臨界知識
構建自己的「能力圈」

　　有一次，我和一個知名互聯網公司的朋友聊天，在聊到知識內容創業的時候，他提到：秋葉大叔最近在做知識型 IP 訓練營。我聽到後，立刻找到秋葉的公眾號研究了起來。

　　我知道秋葉大叔，可能比很多人都早。那是 4 年前，秋葉還主要在更新新浪博客（新浪網旗下的部落格網站）。我記得，那個時候，秋葉還不是大叔，他會在博客上抱怨找來的學生助理多麼不可靠，他多麼氣憤之類的事情。不過，那時候秋葉老師的博客點擊量還很低，所以這種抱怨發出來也沒什麼問題，發洩一下，消消氣也好。

　　那時候，秋葉大叔還在推銷他的書，書名可能會讓現在很多人跌破眼鏡——做為一個大學老師，他的新書叫《超越對手：大項目售前售後的 30 種實戰技巧》。一本關於銷售的書！不過銷量一直比較慘澹。

　　後來，秋葉大叔轉型開始講簡報製作了，不過時不時還會推銷一下之前的書。微博興起後，秋葉老師有了新的陣地，慢慢地聚焦在簡報製

作上面。他也開始出版關於製作簡報的書籍，再也不提之前那本書了。

再後來，秋葉老師在網易雲課堂上開課，陣地又拓展到微信公眾號上。到這個階段，秋葉老師的成績可比當初賣《超越對手》強多了，單單在網易雲課堂上的課程銷量就已過萬。

一個簡報領域的網紅出現了！秋葉大叔的成功自然與他的努力和勤奮分不開，要不然大叔現場演講時那一口濃重的口音就會嚇退一堆人。但是，在我看來，過去幾年來秋葉大叔的成功，還有一個背後看不見的因素：**在能力圈中投資**。

☑️ 每個人都有能力圈

什麼是能力圈？能力圈是**由你真正擅長並懂得的知識組成的，而且在這些領域裡，你要比 90%的人都做得好**。

為什麼秋葉大叔最開始的方向《超越對手》並不成功？我相信秋葉老師是覺得自己有乾貨才寫這本書的。但是，對於一個大學老師兼職大項目銷售而言，他在銷售領域的擅長程度很難排到前 10%。而同樣是講大專案銷售，IBM 的《新解決方案銷售》就賣得很好。為什麼？因為它做到了比 90%的人要好。

後來秋葉老師聚焦到簡報上，這是一次成功的選擇。倒不是因為品項對了──其實那時候講簡報的老師也不少──而是因為用戶對了：

對簡報感興趣的主要是學生和剛畢業入職的大學生。而秋葉身為大學老師，每天和學生接觸，最瞭解用戶需求，所以他的解決方案最接地氣。

很多人在講簡報的時候，講的是軟體技巧；可是秋葉更理解用戶，他發現學生做簡報最缺的不是軟體技巧，而是邏輯不清。所以，秋葉是掛著簡報的羊頭，賣著教你梳理邏輯的狗肉，而且是最基本的歸納、分析的方法。

然而，這才切中了學生的痛點。在學生製作簡報這個領域，做為大學老師的秋葉自然理解最深刻，他也最擅長此道。他對這個領域的理解超過了 90％ 做簡報的人，所以他的簡報書籍賣成了暢銷書。

我的另一個朋友 L，培養了一個在我看來極其厲害的能力：網路行銷＋執行力。他加入淘寶的時候，已經是 2014 年，淘寶商家都泛濫了，結果他生生從零起步，一年做到了皇冠商家，然後又不幹了，在淘寶自創一個全新的品類：給蘋果電腦裝 Windows 系統。

我聽到這個創業方向的時候都震驚了。不過我第二天就介紹了一位客戶過去——使用者確實有這樣的需求。而且，前幾天看他朋友圈，他居然做到了單日銷售額突破 1 萬元。他的銷售額基本上是淨利潤啊！他這種大幅度跨行成功的背後，也有同樣的原因：在能力圈中做事情。

◉ 要配得上自己的欲望

　　其實，在我的朋友圈裡，L 的網路行銷能力未必是前 10%，執行能力差不多是前 10%，但是網路行銷＋執行能力，那真的就是前 10%。所以，他跨界成功的背後，有著相同的本質。這其實就回答了一個重要問題：**為什麼我們不可能在每個領域都有實戰級的預見性認知能力？**因為我們的實戰級預見性認知，必須處於我們的能力圈範圍之中。

　　只要掌握底層規律，我們並不需要比 90% 的人做得都好，就可以預見一些事情。但是要把這種預見能力應用到商業實戰中，你只有做得比 90% 的人都好，你的洞見才能真正讓你獲得商業利益。

　　換句話說：**我們的重大決策都應該在我們的能力圈中進行。**可我們大多數人根本不知道自己的能力邊界。想像一下，如果要從懸崖這邊跳到對面，你知道自己能跳，但不知道自己能跳多遠，你是絕對不會貿然起跳的。有意思的是，我們往往都沒能夠清晰地瞭解自己的能力邊界，卻總想立刻跳到對面的懸崖上去。

　　所以，查理·蒙格說：「不能界定邊界的能力，稱不上真正的能力。」

　　你必須讓自己配得上自己的欲望。

　　你必須讓自己配得上自己的欲望。

　　你必須讓自己配得上自己的欲望。

　　重要的事情說三遍。

　　我有一個朋友 S，他有敏銳的商業分析能力，而且極其有膽識。過

去幾年，他在屢屢試錯中總能看準方向，抓住時機。我想，在敏銳判斷＋果敢試錯方面，他是我朋友圈中前 10%的人。可是，奇怪的是，抓住了好幾次機會的他，事業卻沒有同步發展，爲什麼？

從能力圈的方面看，答案就清晰了：他擅長判斷與試錯，但不擅長管理和營運。所以，每次看準機會後，他的公司在紅利期都能夠快速成長，可一進入拚營運和管理的階段就後勁不足。對於朋友 S 而言，他的能力可能更適合投資與判斷，而在後期，他更應該找一個擅長管理和營運的人。

這個建議聽起來很簡單，但是當我們身處其中時，卻很難想到。想想看，你精細謀劃，上陣殺敵，從敵人手裡奪過來一桿槍。所以，接下來你自己用槍戰鬥是順理成章的事情，怎麼會想著回來把槍交給瞄準目標更準確的別人呢？

是啊，我們都想用槍。可是，你必須配得上自己的欲望。**重大的決策，請在你的能力圈內做出。**

說到這裡，可能有人會陡升疑雲：不是說要跳出舒適圈嗎？怎麼你又讓人只在能力圈內待著？不跳出舒適圈，怎麼擴大能力圈呢？是的，你應該跳出舒適圈。但是，你仍然要在能力圈中做出重要決策。記住：重要決策！

跳出舒適圈，是拓展我們能力的過程。但是要讓自己的能力比90%的人都好，才能納入自己的能力圈中。因此，能力圈的拓展非常難，有時候甚至不可能。比如跳水、象棋、舞蹈等領域，你如果沒有天賦，

很難做到比 90% 的人要好，要做到世界冠軍就更難。

如果我們沒有意識到這一點，在進行重大決策的過程中輕易脫離自己的能力圈行動，那麼很有可能會被非常擅長此領域的人打得一敗塗地。而當你的行動還是一個重大決策時，你可能會付出極大代價，甚至造成難以彌補的損失。想想當年，蘇聯紅軍離開自己的能力圈，去攻打大城市，結果差點覆滅。

不過，我們總可以在生活中的一部分領域培養自己的優勢；一旦做得比 90% 的人要好，我們就要充分利用這一優勢。

✅ 做狙擊手，而非敢死隊

如何利用優勢？我的建議是：**做狙擊手，而非敢死隊**。狙擊手是利用自己的優勢，瞄準指定的方向，一招制勝。敢死隊是最勇敢無畏的工作者，但是勝負難料。而且，派出敢死隊往往是在要失敗的時候採取的無奈之舉。

在我看來，秋葉聚焦在大學生和剛畢業的職場新人，就是做狙擊手。事實上，狙擊手策略之所以有效，是因為我們 80% 的成功，是由 20% 的決定引發的。而我們能夠做出高品質的預見性決定，是因為我們比 90% 的人更瞭解這個領域。

以我的經歷為例吧。兩年前的一個清晨，我坐在電腦前仔細思考這

個問題：「我在什麼領域比身邊 90% 的同齡人要強？」

仔細思考後，我敲起了鍵盤。

1. 我在如何構建底層認知上，比大多數同齡人強。

這不僅僅是因爲在當時，我有過去 4 年高強度閱讀和每日反思的積累，更重要的是生活的回饋：我經常爲比我年長很多的企業客戶和高階主管提供諮詢，並讓客戶信賴認可。而這個工作成果，主要依靠我底層思考的訓練。這是一個小技巧：你的本事是不是眞的好，一個重要的標準是有沒有人願意爲此埋單。

2. 我在溝通和表達方面，比大多數同齡人強。

我在演講和溝通領域的訓練和經驗比多數人豐富。我從小學開始就參加各種演講和主持活動，在高中把卡內基《成功有效的團體溝通》快翻爛了，上大學沒多久就回高中母校演講，後來本科和研究生期間擔任班長和學生會主席時，我面臨的各種需要溝通和演講的場合更是不計其數。而在創業之後，我發現了自己溝通能力的回報：一方面，我的溝通在構建團隊凝聚力和戰鬥力方面發揮了重要的作用；另一方面，我和客戶的溝通也取得很好的效果，同時還鍛鍊了自己商業談判的能力。

更重要的是，還有幾件事情增強了我的信心：（1）我的大學母校連續兩年邀請我回校給畢業生進行畢業演講；（2）在我的朋友圈子裡，聽過我演講的人總會邀請我去新的場合演講；（3）在某次演講的聽眾

裡，居然有一位大美女是《我是演說家》的編導，她非常熱情而真誠地邀請我參加節目錄製。

我認為，底層認知和溝通這兩方面的能力，構成了我能力圈的基礎。不過，我們只有知道自己能力的邊界，才算真正擁有能力。所以，我繼續分析我的能力邊界。

首先，對底層認知而言，我更擅長於學習方法、中小型團隊管理和旅遊業發展規律。

不是所有的底層認知我都足夠透徹，我的訓練背景決定了我更擅長向別人說明如何學會用底層認知思考、管理一個中小型團隊和發現並應用旅遊業的發展投資規律。不過，在這些認知層面上，對於和我年齡相仿的人而言，我應該是有較大優勢。但是對於比我年長很多又在類似領域深耕過的人而言，我的優勢可能要弱得多，甚至沒有。

其次，在溝通和表達方面，我更擅長真誠、坦誠類型的。

溝通和表達有很多種類型，可是我發現，我做不到像蔡康永那樣面面俱到的說話之道，也不擅長像《奇葩說》中那樣的凌厲鋒芒，我所擁有的最大優勢是我的坦誠和真誠。我當然學過很多演講和溝通技巧，但到頭來我發現自己真正喜歡和相信的是真實的力量。

對了，我還有一點冷幽默的天賦。關於這一點，我很滿意，不過，可能我的同事們就未必這麼認為了。

所以，我的溝通表達能力更適用於自然、輕鬆的氛圍，而在政治性、

功利性太強的溝通場合，我未必占優，甚至可能不及格。

　　梳理完這些，我長舒了一口氣，我覺得我更瞭解自己了──這種感覺很奇妙。你說，弄明白這些有什麼應用？這些，就是你狙擊槍的瞄準鏡和子彈啊！你的重大決策，要在自己的能力圈範圍內做出。明白了這些，我便持續在這兩個領域中投入精力學習，進一步鞏固自己的優勢！

✅ 瞄準！扣動扳機！

　　事情的轉折在 2015 年年底。小馬宋老師把我推薦給羅輯思維首席執行長脫不花。找我的目的是：對羅輯思維推出的知識服務類新產品「得到」App 提出建議。為什麼找我？我想，可能是因為小馬宋覺得在他朋友圈裡，我在知識管理領域的積累排前 10% 吧。

　　見到脫不花之後，本來我們是討論對「得到」產品的意見，結果聊著聊著，脫不花突然主動邀請我在「得到」上面開設音頻節目。合作就這麼開始了，《成甲說書》也就逐步誕生了。

　　我現在也不知道，當時打動脫不花的是我對知識管理的認識，還是我溝通表達的真誠，抑或兩者都有。可是，你要知道，在此之前，我也有過很多其他合作的好機會。但是，我總發現這些機會雖然很好，但總有部分超出我的能力圈。你要記得：**重大決策要在能力圈內做出──即使那是一個看起來很好的機會。**

　　但是，我發現和「得到」的合作，正好在我的能力圈內。是時候扣動扳機了……因此，根據我的能力圈邊界，我畫出了我的知識服務群體邊界：第一，有一定學習方法和工具積累，想要進一步突破成為高級學習者的朋友；第二，工作 3 ～ 8 年，仍有持續學習的熱情，希望從底層打通已有的知識和經驗的中層管理者。

　　我想，這兩個群體是我最理解和最能夠服務好的。就好像秋葉最理解大學生和剛入職的使用者一樣，在這個邏輯下，他的課程延伸到了新員工的職場技能。不過，也正是因為我瞭解這些，所以當聽到秋葉在做「知識型 IP 訓練營」時，立刻很敏感地想道：秋葉老師積累了這些年，要拓展新的能力圈了。

　　要知道，從服務大學生到服務想做網紅的人，兩者有非常大的區別。這兩者的商業模式是完全不同的，而且想像空間也不一樣……這裡就不多說了，我密切關注，好好學習。如果秋葉老師把這件事情做大，那就說明秋葉大叔又構建了一個新的能力圈。

　　說了這麼多，總結一下：世界是如此複雜，我們用臨界知識做基本趨勢的預測是沒問題的。但僅憑此，要做實戰級的應用是不夠的。

　　由於每個專業領域已經夠複雜了，而我們的認知能力和範圍又有限制，所以我們只能盡可能多地掌握臨界知識，綜合地實踐應用，才能在我們的能力圈範圍內做出正確的、重要的決策。

第四章

核心臨界知識及活用案例

每個人都應當有自己的框架來安排自己的臨界知識，
不過，確實有一些重要的臨界知識是通用的。

前面的章節，都是從整體視角和底層的原理上分析臨界知識，下面我們將介紹具體的臨界知識。

每個人都應當有自己的框架系統來安排自己的臨界知識，不過，確實有一些重要的臨界知識是通用的。

接下來，逐一介紹查理·蒙格在《窮查理的普通常識》中提及的，以及我自己認爲重要的幾個臨界知識：複利效應、機率論、黃金思維圈、進化論、系統思考、二八法則、安全空間。

複利效應：
加強好事重複發生的可能性

☑ 複利：世界第八大奇蹟

2500 年前，腓尼基旅行家昂蒂派克寫下了炫人眼目的七大奇蹟清單：埃及吉薩金字塔、奧林匹亞宙斯巨像、阿耳忒彌斯神廟、摩索拉斯陵墓、亞歷山大燈塔、巴比倫空中花園和羅德港巨人雕像。

而被愛因斯坦稱為第八大奇蹟的，是「複利」。

你或許聽過這個名詞，或許沒有。但你一定聽過這個故事。

古印度舍罕王打算獎賞國際象棋的發明人──宰相西薩·班·達依爾。國王問他想要什麼，他對國王說：「陛下，請您在這張棋盤的第 1 個小格裡，賞給我 1 粒麥子，在第 2 個小格裡給 2 粒，第

3 小格給 4 粒，以後每一小格都比前一小格加一倍。請您把擺滿棋盤上所有 64 個格的麥粒，都賞給您的僕人吧！」國王覺得這要求太容易滿足了，就命令給他這些麥粒。當人們把一袋一袋的麥子搬來開始計數時，國王才發現：就是把全印度甚至全世界的麥粒全拿來，也滿足不了那位宰相的要求。

那麼，宰相要求得到的麥粒到底有多少呢？總數為：$1 + 2 + 4 + 8 + \cdots\cdots + 2^{63} = 2^{64} - 1 = 18446744073709551615$（粒）。

這就是複利的神奇之處：在剛開始的時候複利效應是很微小的、不易察覺的，但當發展到一定階段就會產生非常驚人的效果。這個複利效應用數學公式表示便是：$F = P(1 + i)^n$。其中 F 代表終值（future value），或叫未來值，即期末本利和的價值。P 代表現值（present value），或叫期初金額。i 代表利率。n 代表計息期數。

我們在高中數學都學過這個公式，但我們很少思考複利如何能夠應用到我們的生活中。

大部分人最直接的理解便是在存錢過程中應用：今年存 1 萬元，每年收益 10%，利滾利存 20 年，我就發財啦。不過大多數人可能存到第二年第三年就發現，怎麼才這麼一點錢啊，也沒啥效果啊，慢慢地就放棄了。

可是，為什麼愛因斯坦會說複利是第八大奇蹟？為什麼查理・蒙格

在提到普世智慧時，第一條就是理解複利呢？難道複利眞的只是做爲一個用在投資上的數學模型，便能被稱爲奇蹟嗎？

答案顯然不是。

☑ 複利的本質

那到底什麼是「複利」呢？我認爲，複利的本質是：**做事情 A，會導致結果 B，而結果 B 又會加強 A，不斷循環。**

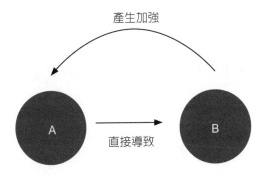

生活中凡是符合這一規律的事情，都可以視爲複利效應。比如，網站的訪問量越多，在搜尋引擎的排名就越靠前，那麼網站訪問量就越多，這就是一種複利效應。

在事後拿複利來解釋事情，人們可以理解。可我的問題是，爲什麼大多數人很少能有意識地將複利效應應用到生活中呢？

我想，一個重要的原因可能是我們只把複利看做一個精確的數學模型。人們一看到數學，就想到計算，所以一看到複利模型，就想到有一個複利公式。然而，對我們認識世界而言，數學應是一個思考工具、表達工具，而不是計算工具。

我很喜歡《一個數學家的嘆息》裡作者一針見血的論斷：數學的本質是表達的藝術。數學是在我們並不完美的生活基礎上，一種抽象的完美的表達方式。而我們在不完美的世界中，想要應用數學公式時發現對不上號，便不會去用了。

我們不需要記住複利的公式，只需要回到數學公式想要表達的含義：做事情 A，會導致結果 B，而結果 B 又會加強 A，不斷循環。

✅ 複利效應可以導致冪律分布

這種 A 導致 B，B 又會作用於 A 的運作方式，就是我們平常說的「利滾利」，用圖像展示便是一條經過一段時間後陡然上升的曲線。

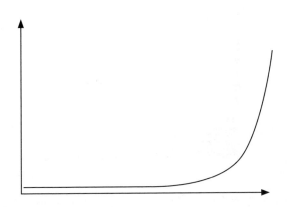

　　讓我們再從更宏觀的尺度上看看，複利效應會帶來什麼結果。以網站訪問量為例。少數越過訪問量臨界值的網站，會以越來越快的速度吸引越來越多的人關注；而由於人們的時間和關注力是有限的，大多數沒有越過臨界值的網站，便越來越沒有人關注。這種「窮者愈窮，富者愈富」的現象，導致站在整個網站世界的角度看，20%的網站吸引了80%的訪問量，而80%的網站只能共用20%的關注。這種不均衡的分布狀態，在數學上稱為「冪律分布」。

　　冪律分布很多人可能不熟悉，沒關係，你只需記住這種分布符合二八法則就可以。如果你聽說過長尾理論的話，所謂的長尾，就是冪律分布中那後面的80%。

現在很多人都在經營微信公眾號。但排名前 20％的公眾號可能占了 80％的點擊量，而排名後 80％的公眾號只占 20％的點擊量。這個多數人「泯然眾人」，少數人「牛到不行」的不均衡分布，和一種我們常見的分布恰恰相反，那就是常態分布（鐘形曲線）。

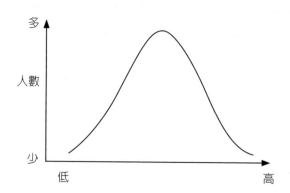

我們生活中有很多分布都屬於常態分布：平均的占主要部分，極好的和極差的占少數，而且和平均值差別不會特別大，比如身高的分布、智商的分布等。

但生活中更多事件符合冪律分布，比如收入、股市波動、網站訪問量、照片點擊量、公眾號文章的閱讀量……**在冪律分布的世界裡，我們怎樣才能成為那靠前的 20%呢**？

☑ 觸發臨界點

在回答這個問題前，讓我們先回到複利的話題。當我們瞭解了複利的本質後，就會發現有兩個因素會極大地影響複利的效果──**利率**和**執行次數**。

所謂「利率」，就是做 A 導致 B 後，B 對 A 能有多大的強化作用。利率有一點點的差別都會產生很大影響，這一點有房貸的人應該都能感同身受──房貸利率的每次調整，都會對每月還款的額度有很大的影響。

我們再看一個更直接的例子，2^{100} 和 2.1^{100}，會相差多少呢？結果是，$2.1^{100} - 2^{100} = 1.654299978394 \times 10^{32}$。我們可以看到，每次加強的因素只差 5%，但重複執行 100 次後，結果之間的差值會大到 10^{32} 的數量級。

這個例子就引出對複利效應有重大影響的另一個關鍵因素：執行次

數。就像象棋格子裡面放麥粒一樣，前面幾次的差別是不明顯的，越在前期，其差別越不容易察覺；只有執行的次數足夠多時，複利的效應才能發揮出來。

因此，回答前面的問題，我們想要向前 20％ 靠近的話，就要充分利用複利效應，而這就需要我們做到：首先，**我們要在生活中發現「A 導致 B，B 加強 A」這樣的事情**；其次，**我們要盡可能地提高這件事情的利率**；最後，**我們要加強這件事情重複發生的可能性**。

這樣做之後，我們才有可能進入複利模型帶來的加速成長階段。舉個例子，做公眾號這件事也是符合複利模型的。我們每寫一篇公眾號文章，傳播給讀者閱讀，一部分人分享出去，就帶來更多的閱讀量。這其中的關鍵在於「分享」這個行為，而這個行為產生的根本是公眾號文章的品質足夠好。所以，我們真正要做的事就是把文章的品質做好。

這個模型的利率，就是有多少人受到高品質文章的影響願意去分享傳播這個公眾號，執行次數便是公眾號文章的推送次數。

但複利效應在前期的時候是很不明顯的，所以剛開始，很可能你花很多精力寫的文章和別人隨隨便便寫出來的文章，閱讀量沒有太大區別。這種情況下，很多人堅持一段時間後，可能就放棄了。而一直發布高品質文章的人堅持下去後，遲早會等到臨界點，比如某個知名人士的轉發推薦，實現跨越式發展。

或許有人會質疑：「我會不會一直堅持寫，但是始終等不到有名人推薦這樣的臨界點？」我的答案是：只要堅持提高利率（寫高品質文章）

和執行次數（發布數量），那麼一定會有達到臨界點（知名人士推薦）的時候。爲什麼呢？你所觸碰的世界比你想像的更廣闊。

這個時候，我要引入另一個理論：六度分隔理論。簡單來說就是：一個人想認識世界上任何一個人，肯定可以通過 6 個人認識到他。

20 世紀 60 年代，哈佛大學的社會心理學家米爾格蘭設計了一個連鎖信件實驗。他將一套連鎖信件隨機發送給居住在內布拉斯加州奧馬哈的 160 個人，信中放了一個波士頓股票經紀人的名字，信中要求每個收信人將這套信寄給自己認爲比較接近那個股票經紀人的朋友，朋友收信後也一樣照此辦理。最終，大部分的信在經過五、六個步驟後都抵達了該股票經紀人處。

爲什麼呢？其實答案很簡單。一個人平均有 150 個朋友（一度人脈），而你的每個朋友也各有 150 個朋友（二度人脈）……以此類推，你的六度人脈擁有 150 的 6 次方的人脈。而 $150^6 = 113906$ 億，這個數字是目前地球人數的 1600 多倍。所以，理論上，到你的六度人脈的時候，已經可以覆蓋整個地球了。

但應用六度人脈的關鍵是，讓你的資訊傳遞到下一度人脈那裡。因此，你必須通過不斷提供高品質的文章，讓人們把文章在一度人脈、二度人脈、三度人脈……裡面逐漸滲透。其實到四度人脈的時候，你已經完全不知道這個層級的人是什麼樣的，有什麼能量了。很可能你的一篇文章被某個明星推薦了，然後你的資訊就得到大規模的傳播。這個時候，恭喜你，觸發了臨界點。

　　所以，可能一個人每天做一件看似不起眼的事，忽然有一天卻因為一個契機爆紅。比如最近迅速竄紅的「Papi 醬」。我們可能會感歎「這個人運氣真好」，但在我看來其實這是必然發生的「黑天鵝事件」。Papi 醬在爆紅前是中央戲劇學院導演系的學生，此前已經不斷在微博上發布很多 Gif 圖（一種影像檔格式）和段子創作，而且也發布很多短影音作品，這些前期看不到的積累，反而是遇到黑天鵝的關鍵。運氣只能左右黑天鵝事件的遲早，卻不能左右它是否發生。

☑ 用複利的思路思考生活

　　同樣，人脈也是一個複利模型。一個人認識的朋友多，就會有人願意將你推薦給更多朋友，那麼你就能認識更多的人；而因為你認識了很多的人，會吸引來更多的人想要認識你。

　　有些人一心想要拓展人脈，他們採取的方式往往是參加各種活動、沙龍，四處發名片。但是，其實這是一種效率極其低下的做法。因為拓展人脈的關鍵利率不是發更多名片，而是讓自己變得有價值，讓人們願意把你推薦給別人。所以拓展人脈的關鍵，首先是不斷地提升自己的價值，讓自己變得對他人有幫助；其次，才是讓別人知道自己的價值。

　　做公眾號、人脈、投資，都是一樣的，它們背後都是複利模型。這個世界的基本運作規律之一就是複利模型。

　　說到這裡，我想再說說前文提到的用複利模型去投資的事情。其實對於沒有太多錢的年輕人而言，真正有複利效應的不是年化 10％的收益，因為在起步期，你的投資利率其實可以非常高。你把 1 萬元投入個人的學習、自我成長、能力提升等方面，帶來的年化收益可能是5000％；而買年化 10％的理財產品，一年也不過 1000 元。

　　這個帳不好算嗎？什麼時候你才應該把錢投資到理財產品上呢？當你的收入扣除生活成本和自我成長之外，還有閒置資金的時候。這些錢，才是應該拿去理財投資的。這才是真正地理解了複利模型。

機率論：
投入最大賠率的事終有回報

✅ 老司機的經驗之談

　　生活中最難的是什麼？可能是每個人都想取得成功吧……但是怎樣做才能成功呢？這是每個人都會遇到的困惑。為了讓自己更快地成功，我們經常採取的方法是去詢問那些成功的人，所以才有《我的成功可以複製》這樣的暢銷書。但是後來大家調侃道：「你的失敗都無法複製。」

　　老人會教育我們說：「不聽老人言，吃虧在眼前。」我們也是這樣做的。比如剛畢業的大學生，在找工作的時候會諮詢找到好工作的學長姐：「你是怎麼找到工作的？」「你面試中用了什麼樣的技巧呀？」「怎麼投遞履歷呢？」找到好工作的學長姐也會一本正經地把自己的血淚經驗告訴他們。應屆生聽了以後，頻頻點頭：「嗯，我學到真本事了。」

　　如果你想要創業，也會在創業的時候去諮詢那些創業成功的人——

「注意什麼事項啊？」

「我應該做什麼準備？」

「要找什麼樣的合夥人？」

「我的商業模式該怎麼做呢？」

想要創業的人不停參加各種沙龍、各種分享，去努力學習其他成功者分享的經驗和總結的規律。

想要成功，於是去諮詢那些成功的人，以求得更多經驗和規律——這是我們大多數人面對問題時的處理方式。而今天我想告訴大家的是，這樣的方式，很可能是錯誤的。**我們不能僅僅憑藉結果，來判斷之前的決策是好的。**

☑ 生活是機率分布

我們不能因為一個人創業成功了，就認為他的決策都對。我們也不能因為一個人找到好工作，就認為他找工作的方法是有效的。我們要嘗試換一個視角來思考這個問題。也就是說，歷史也可能會是這樣：他採取了同樣的行為，但結果以另一種方式呈現。

比如，如果時間倒流，那個找到了好工作的學姐，她用同樣的策略應聘同一家公司，但是面試官卻換了，結果可能完全不一樣。而創業成功的前輩，也許他的所有思考和決策都和此前一樣；只是他晚了兩天採

取某一個行動，那麼結果就可能不一樣。

這些案例都說明：生活是一個各項條件隨機發生的機率分布。也就是說，當你的學姐採取了某一種找工作的策略之後，有很大的機率獲得一份好工作，但並不代表她一定能獲得一份好工作。我們要用機率分布的思維來思考問題，解讀已經發生的事情，應對不確定的未來。

如果這樣用「假如歷史以另一種方式呈現」的思考方式不好理解這個問題的話，讓我們換一個角度，還是用找工作的例子來說明這個問題。假如你已經找到好工作，你當然認為此前採取的策略都是正確的。你可以自信滿滿，向那些還沒有找到好工作的人分享經驗。但是讓我們稍微改變一下視角，拉回到你還在準備履歷找工作的階段，你能夠確信這次面試百分之百會成功嗎？顯然，你心中是不確定的。「公司老闆會認同我嗎？」「和其他應聘的人相比，我有優勢嗎？」「我準備的答案，是否切合這個面試官的心意呢？」此時此刻，你的未來是不確定的。只有當塵埃落定，找到工作後，你才長舒一口氣，結果確定了。

所以，我們應當養成這樣一種思考方式：**過去的每一件事情的結果，是眾多可能的結果之一**。未來要發生的事情，也將有無數種可能的結果。如何描述和應對這麼多不確定的可能性呢？

機率論，便是重要的工具之一。

這也就是查理・蒙格在他的《窮查理的普通常識》中所提到的「費馬帕斯卡系統」，用排列組合來研究事情發生機率的方法。費馬帕斯卡系統與萬事萬物運行的規則是一致的。這是一個基本的常識，我們應該

要掌握這種技巧。

✅ 頻次機率與主觀機率

聽到機率論，可能你已經很頭大了。如果你也像我一樣，高中機率學得並不好的話，恭喜你，不用擔心。因為對我們而言，只要理解了機率論的核心思想，計算過程並不複雜；我們學過的小學數學和基本的代數，就完全可以解決這些問題了。

高中數學那些令人生畏的計算題，把我們給打垮了。至少，高中數學成功地把我打垮了，讓我把數學計算技巧和應用數學思想混為一談了。提到機率論的時候，我們很容易想到高中數學題目中那些用來計算機率的白色、黑色的球。但是在真實的世界當中，用機率論思考問題，絕大多數情況下用不到複雜的計算技能。

不過，首先要學會的是高中機率論沒有教我們的事情：機率原來有兩種。一種叫物理機率，或者叫**頻次機率**，也就是計算一件事情發生的頻次占結果總數中的百分比。這也是我們在高中數學的學習中一直接觸的機率。比如擲骰子擲出「1」的機率是 1 / 6。這是一個透過統計就可以直接計算出來的機率。這樣的機率，在我們的生活中也有應用。比如你打德州撲克，計算牌面出現大牌的可能性，就要用到這樣的方法。

但我們生活中的大部分問題，是沒有一個清晰而準確的機率判斷的。比如，明天老闆心情好的機率是多大？你出門時發現汽車輪胎被紮壞的機率是多大？這些事情的機率不像擲骰子那麼清晰，怎麼辦？這時就要用第二種機率：**主觀機率**。所謂主觀機率，簡單說就是……**猜**。是的，猜。這聽起來很不可靠，但事實上，我們在生活中常常這樣做。如果對一個結果我們猜得更準確，我們贏的機率就大。

那怎樣提高主觀機率的準確性呢？答案是，**資訊品質**。我們掌握的事實與細節越多，主觀機率的推測就越準確。比如你想送給你暗戀已久的女孩一雙粉紅色的運動鞋，但你擔心她不喜歡粉紅色。你判斷（猜），女孩喜歡和不喜歡粉紅色鞋的機率各是 50%。不過你可以透過獲得資訊，來校準這個主觀機率。比如去觀察她一般穿什麼顏色的衣服，或者問問她的室友她平時喜歡什麼樣的顏色……

這時候，雖然你仍然是「猜」，但猜對的機率就大得多，當然，打動女孩的機會也就大得多。所以，如果我們能夠獲得更多有效資訊，我們就能夠提高主觀機率的準確性。更重要的是，在生活中，我們並不需要特別精確的主觀機率。我們的資料精度只要能夠讓我們做出關於正確方向的判斷就可以了，不需要精確到小數點後幾位。

關於如何提高資訊品質，進而提高我們主觀機率的判斷能力，我之前在「得到」上錄製的一期節目《像間諜一樣思考》，主要講的就是這個。

當然，既然是主觀機率，就會受到個人的認知偏見和心理誤判的影

響。因此，瞭解自己的偏見和誤區就很重要。這個話題，這裡先不討論，讓我們繼續沿著機率思維的視角討論。

決策樹理論與外部視角

理解了「我們的世界符合機率分布」這一假設，瞭解了機率論中的頻次機率和主觀機率的區別，我們就能運用一些工具來幫助我們應對不確定性，從而做出更好的決策。

一個重要的工具便是「決策樹理論」。決策樹可以畫成樹枝狀的結構圖，所以叫決策樹。一棵典型的決策樹是這樣的：

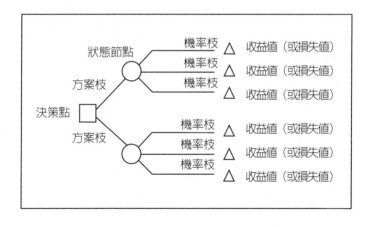

　　畫出決策樹的方法，通常包括三步：第一步，列出你想要實現的目標或者解決的問題（一般用正方形表示）；第二步，在它的右側畫出能夠實現這一目標的所有方案（一般用圓形表示）；第三步，在所有的方案下面再列出這種方案可能的各個結果及其實現的機率（結果一般用三角形表示）。

　　舉個例子。你已工作三年，想要進一步增加自己的收入。你的可能選擇有：

- ・自己創業當老闆。可能會有更高的收入；但是出去創業風險也高，也許會失敗。
- ・或者做一份兼職增加收入。但是也可能影響在公司的發展，導致兩邊都做不好。
- ・在公司更努力地工作，爭取增加收入。

　　那麼你到底應該出去創業、兼職，還是在公司更努力地工作呢？讓我用決策樹的方法來思考一下。創業、兼職和繼續工作，形成提高收入的三種解決方案。

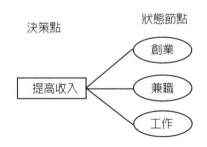

對每種選擇帶來的收入結果和可能機率進行估算。

比如，出去創業年收入超過 100 萬元的機率有多少呢？可能有 5%。

年收入在 50 萬到 100 萬之間，可能機率是 20%。

年收入在 10 萬到 50 萬之間，可能機率是 30%。

年收入在 5 萬到 10 萬之間，可能機率是 30%。

年收入還不到 5 萬的機率，可能是 5%。

創業失敗，還有賠錢的可能。賠錢 10 萬的機率，可能是 10%。

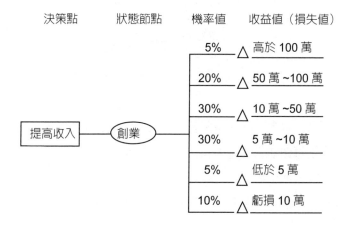

把兼職和繼續留在公司的情形也列出來，就形成了決策樹。

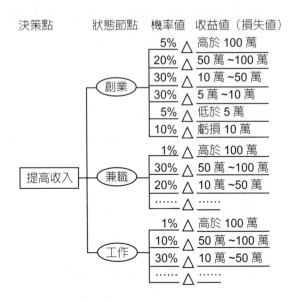

那怎麼做決策呢？計算每個方案的可能收益，比較高低。方法是：把一個方案下每個結果的收入和它的發生機率相乘，然後求和。這就是這個選擇的收入期望。

例如創業這個環節，收入期望的下限是：

$$100×5\% + 50×20\% + 10×30\% + 5×30\% + 0×5\% + (-10) ×10\% = 18.5（萬）$$

而兼職的收入期望下限是：

$$100 \times 1\% + 50 \times 30\% + 10 \times 20\% + 5 \times 40\% + 2 \times 9\% = 20.18（萬）$$

同樣的方法，留在公司的收入期望下限是：

$$100 \times 1\% + 50 \times 10\% + 10 \times 30\% + 5 \times 59\% = 11.95（萬）$$

通過計算，你可以發現：

收入期望：兼職 20.18（萬）＞創業 18.5（萬）＞留在公司 11.95（萬）。

這樣對比就可以得出結論。當然，這個例子中的收入和機率是我隨便寫的。不過我們可以看到，**對機率和結果的主觀判斷的準確性非常重要**，它直接決定了我們最終要採取的行動。如果我們對自己的能力評價偏高，可能會認為自己在創業中賺大錢的機率比較高。如果我們對自己的評價相對偏低，可能會認為自己在創業中賺大錢的機率比較低。

你可能會問：這麼隨意的判斷方式，我們計算出來的結果還有意義嗎？隨意判斷，當然意義不大，因此我們要**盡量減少主觀判斷的偏差**。

如何減少主觀判斷的偏差呢？一個重要的方法就是用**外部視角**。所

謂「外部視角」，就是說應該把我們自己的問題看做這個世界中一系列類似問題中的一個，以此為基礎計算機率。比如我們對自己創業年收入超過 1000 萬的機率進行判斷時，不要以「這是我在創業，結果不一樣」為基礎進行判斷。而是要研究，在類似情況的創業案例中，有多少比例的人年收入超過了 1000 萬。你調查後發現，可能只有不到千分之一。那麼，當你創業的時候，年收入超過 1000 萬的機率很可能也不到千分之一。這樣從外部視角分析，比單純研究自己的情況所得出的判斷要準確得多。

所以如果我們在判斷問題的時候能夠退一步，做外部的觀察，從整體分布機率的角度來思考，我們的判斷就能更加準確。

☑ 為大機率堅持，為小機率備份

我們得出相對準確的機率，並以此為基礎做出判斷，只能說明我們取得預期結果的機率比較大，並不代表預期的結果就必然發生。

假設有一枚特製的硬幣，它正面向上的機率是 64%。如果你下注的話，當然應當買它出現正面。但是，當它出現反面時，你也一定不會驚訝，因為它還有 36% 的機會和你的選擇不一樣。

因此，即使我們選擇機率高的事件，也不代表我們一定會贏。就像我們前面說到的，即使你準備得很充分，也不代表你這一次一定能夠應

聘成功。謀事在人，成事在天。這就是機率的思維。

這個世界就是機率分布的，很多事情會隨機發生。但是，我們也無須悲觀，因為我們選擇有利的大機率事件持續投入，結果（期望）一定比我們東一榔頭西一棒子地做事情要好得多。

就拿找工作的例子來說，如果你做充足的準備，你應聘成功的機率也只有 64％。可你堅持兩次，找到工作的機率就是 64％＋ 36％ ×64％ ＝ 87％。堅持三次，找到工作的機率就高達 64％＋ 36％ ×64％＋ 36％ ×36％ ×64％＝ 95％。這個結果說明了兩個問題。第一，如果我們在大機率事件上持續投入，大機率事件發生的可能性會極大增加。更確切地說，我們在高期望的事件上持續投入（結果發生的機率雖然小，但是回報足夠大），堅持下去會獲得高期望收入。

風險投資基本上就是應用了這個模型。比方說，一支風投基金投資了 10 家公司，假設每家公司的成功機率都只有 10％，但 10 家公司中能有一家成功的機率卻高達 65％。那麼這一家公司上市成功的回報就足以覆蓋所有投資失敗的成本，還能有盈利。所以，風投的工作，本質上就是找高機率、高期望值的投資機會。

所以，利用決策樹分析，並不是讓我們每一件事情都做對，而是讓我們每次的行動處在最高賠率上。

第二，我們要有冗餘備份、安全備份，防止小機率事件給我們造成無法挽回的損失。在期貨投資中，有一個賺錢的祕訣：「看錯時不死，看對時大賺」。也就是說，我們在投資時，如果經過研判有足夠的信心，

就要全力投入下注，一擊成功。但即使再自信，也要考慮到萬一發生極端情況，你的投資安排也不至於讓自己傾家蕩產，無法翻身。我們必須有安全空間。如果銀行都能夠堅持這個準則的話，那麼金融危機就不會發生。

在生活當中，我也在爲「小機率事件必然發生」做準備。比如我每天去公司，要拿鑰匙開門。雖然我有檢查鑰匙的良好習慣，但是仍有各種突發情況，可能導致我到了公司門口卻無法開門，所以我就在自己的隨身包裡放一把備用鑰匙。這就是一種冗餘備份系統，而它背後是一個機率思想：小機率事件必然發生。

我們可以採取冗餘備份系統，讓這一問題的發生不至於給我們帶來致命的影響。比如，畢業論文除了存在電腦裡之外，一定要備份在隨身盤和雲端，因爲損失的後果你是吃不消的。

✅ 小機率下總有「幸運兒」，但你學不來

事實上，我們總能聽到一些富豪介紹自己是如何在刀口上舔血，取得了今天的成就。很多人受到他們經歷的鼓舞，決心要在人生中放手一搏，豪賭一場，這次豁出去了！就幹這一票！

我們聽到這樣的故事，總是熱血沸騰；尤其是看到他們在經歷豪賭後現在的風光，更是感慨。可是，我們根本沒機會聽到那些賭輸了，甚

至傾家蕩產之人的聲音——他們可能永遠沒有機會給別人講賭輸後沒有退路的絕境。

關於這個問題，《黑天鵝》的作者塔雷伯寫過另一本書叫《隨機騙局》，裡面舉到的一個例子叫俄羅斯轉盤。假設有一個有錢人，拿出1000萬和你玩轉盤遊戲。他在有6顆子彈的左輪手槍裡裝上一顆子彈，隨機轉動轉輪，然後扣動扳機。你有 1 ／ 6 的機率被打中，但你有 5 ／ 6 的機率不被打中。如果你沒有被打中，你就贏得 1000 萬。如果你被打中，就一命嗚呼了。你會不會玩這個遊戲？

塔雷伯說，在投資界，很多人在玩這樣危險的遊戲而不自知，因為總有人能碰到那 5 ／ 6 的機率，在他的生命中賺到大錢。這些「榜樣」吸引很多人學習他們的成功經驗。「這種遊戲看起來容易得很，我們也玩得興高采烈，但是沒有人看到背後的風險。」

所以，我不是說老司機的經驗沒有價值。我是說，你要**意識到老司機的經驗，只是眾多可能性中的一個可能性，千萬不能把它當成真理。**它只是這個世界各種機率下的一個，甚至可能是很小機率下的那一個。

✅ 機率不是固定值，而是動態值

看到這裡，你有沒有覺得我們努力的價值似乎低了很多？比如，我考慮要不要出來創業，參考的是整個系統的機率，那我自己的主觀能動

性在哪裡呢？我這麼聰明，懂這麼多道理，我的機率還和外部機率是一樣的？這不合理啊。

其實答案很簡單。

第一，**你要比的是和你相似的群體的成功機率**。創業的人大都努力、勤奮、會思考問題。宏觀來看，個體在群體中的智力不會有特別大的差別。這個機率判斷，能夠讓自己更清晰地瞭解自己的位置。

但更重要的是第二個層面：**你的極致努力可以改變你獲勝的機率**。換句話說，機率不是固定值，而是動態值。

在你努力的過程中，你參考的機率就變為更加努力的群體的成功機率。因此，你的決策樹不是一個靜態數值，而是根據情況而不斷變化的動態演變。每一次，你都要根據新的情況來重新計算你的機率。

這就是機率論當中的貝葉斯定理。貝葉斯定理是說，對於一件事情，我們可以先估計一個機率，然後在做這件事情的時候，根據新的資訊和回饋來調整原先的估計，從而得到更準確的機率判斷。

在面對不確定性的時候，我們可以通過快速反覆運算、不斷試錯，來增加對未來的掌控和把握。所以，你不應當盲目地依賴老司機的靜態經驗——這可能把你帶進溝裡。

⊘ 總結

　　機率思維是我們認識世界的基礎工具，也因此成爲臨界知識的重要基礎。機率思維對我們的啓示是：在不確定的世界裡，我們可以選擇不斷地投入成功機率最大的事情當中，並且避免小機率事件給我們帶來的致命打擊。

　　從長期來看，一直投入最大賠率的事情，終究會有回報。

黃金思維圈：
學會隨時問「爲什麼」

☑ 迅速看透問題本質的利器

我們公司在幫助員工成長的過程中，會傳授很多思考工具和方法。但我不止一次聽到同事們的回饋，對他們而言，印象最深、影響最大、幫助最立竿見影的方法是——黃金思維圈。

黃金思維圈的最基本應用便是：**你遇到每一件事情，首先問「爲什麼」**，也就是，**問自己爲什麼要做這件事**。我在前文中也提到了這個觀點，但是沒有做深入的介紹。本章我就詳細聊一聊這個簡單而又重要的基本方法。

所謂黃金思維圈，其實是我們認知世界的方式。我們看問題的方式可以分爲三個層面：第一個層面是 what 層面，也就是事情的表象，我們具體做的每一件事；第二個層面是 how 層面，也就是我們如何實現

我們想要做的事情；第三個層面是 why 層面，也就是我們爲什麼做這樣的事情。

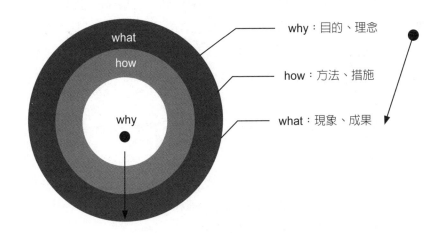

　　絕大多數人思考問題的時候，是從 what 的角度出發，很少有人能夠從 how 的角度去思考問題。而站在 why 的角度思考問題的人，就少之又少了。

⊘ 行銷你的 Why

　　最早將 why—how—what 的思考方式總結成黃金思維圈的人，是知名激勵演說家賽門‧西奈克。他是在 TED 的一次演講中提到黃金思維

圈，那場演講的題目叫「偉大的領導者如何激勵人們採取行動」。不過顯然這個方法應用的領域遠遠超越了激勵別人。

賽門在他的演講中舉了一個非常精彩的關於電腦行業的例子：大多數電腦生產廠商思考和表達問題，都是站在 what 的層面。他們在行銷時，大多都是說：「我們生產的電腦性能非常好，使用很便利，要買一台嗎？」這是站在 what 的層面上去思考，「我們是做什麼的，我們有什麼特點」。

而賽門提到，蘋果公司是完全不一樣的。蘋果公司做行銷時，傳達的理念是：

- 我們做的每一件事，都是為了突破和創新。
- 我們堅信應該以不同的方式思考。
- 我們挑戰現狀的方式是把產品設計得十分精美，使用簡單，介面友善。
- 我們只是在這個過程中做出了最棒的電腦。想買一台嗎？

可以看到，這兩種情況，同樣是在銷售電腦，同樣是在講自己很棒：一個是從 what 出發，「我們做了什麼，我們的電腦是什麼樣的」；一個是從 why 出發，「我們為什麼存在，我們為什麼生產不一樣的東西」。

如果你去電腦公司（比如戴爾）購買 MP3（一款音樂播放機），你會感覺這是一件很奇怪的事情；但如果你從蘋果公司購買 MP3，看

起來卻是理所應當。

當我們能夠從 why 的角度去思考問題時，我們顯然能夠和別人更好地建立信任和共識。事實上，賽門舉的這個例子，也就是行銷的最高境界——行銷你的價值觀，也就是行銷你的 why——**你為什麼存在**。

這一點，在精品行業有著尤其明顯的表現。比如精品手錶的廣告絕對不會僅僅說它走時多麼準確；相反地，他們會花很多時間告訴你關於這個品牌的故事。比如，有的品牌會不斷地告訴你他們對手錶品質的追求，一隻手錶要生產 8 年；而另一些品牌，會講述在「二戰」期間佩戴他們手錶的飛行員有著如何勇敢冒險的經歷，他們體現了什麼樣的精神等。

精品品牌能夠獲得高額情感溢價的關鍵之一，是他們通過故事所傳遞的價值觀。用今天的流行話來說——他們賣的是「情懷」。

✅ 生活各個角落都需要黃金思維圈

從 why 入手進行思考和表達，聽起來是一件理所應當的事情。然而我們都知道，說起來是一碼事，做起來又是另一碼事。我們大多數人在開始思考問題的時候，根本不是從 why 出發，而是從具體的 what 出發。

比如，主管安排你通知別人開會，你可能就簡單地去通知別人開

會;主管安排你去貼海報,那你就去貼海報。很少會有人問:「主管為什麼讓我安排他們開會?開會想實現什麼樣的目標?」「為什麼要去貼海報?通過貼海報我們想要實現什麼目標?」

看起來是很顯而易見的問題,但是當你深入去思考 why 的時候,就會發現答案可能和開始想的完全不一樣。

之前,我邀請一個好朋友來我們公司分享行銷的方法和經驗。她此前在奧美公關工作,後來又在創業公司負責行銷策劃。她在分享一開始,首先向我們強調的不是行銷的方法和定義,而是提醒我們每個人:「你們為什麼要行銷?」

她的從業經歷告訴她,絕大多數行銷人員都把行銷工作看成孤立的 what,而忽略掉背後的系統和 why。他們忙著寫微博、微信的文案,策劃各種活動,但是卻沒有真正地思考:「我為什麼要寫文案?為什麼要做活動?為什麼要跟熱點?」

由此可見,即使是在行銷這個尤其需要清晰的思路、靈活的頭腦和很高的專業敏感度的領域,大多數從業者都可能還沒有養成從 why 入手思考問題的習慣。畢竟從 what 入手是最簡單、最符合大腦直覺反應的思考模式。

☑ 思維方式成就一個人

　　如果你想要和別人不一樣，在眾多人中脫穎而出，那麼你一定要比別人能夠更快更準確地抓住問題的關鍵。換句話說，如果你想要更好地看透問題的本質，你應該培養問「為什麼」的習慣。

　　查理‧蒙格曾經說過，詢問自己一個又一個「為什麼」，你就能更好地思考問題。通過問一個又一個的「為什麼」，你開始獲得普世的智慧，有更深刻的洞察力。

　　這一方法被我用在工作和生活的每一個領域裡。比如，我們公司在設計旅遊產品的流程中，第一個階段便是「用戶共情」，研究用戶需求。而瞭解用戶需求的一個重要方法，就是探尋使用我們產品的潛在使用者有哪些「為什麼」。追問 5 個「為什麼」，一直挖掘到用戶最深層的感受，再以此為基礎進行分析，進而開始設計。

　　比如你是一家水果店老闆，你的特色是水果新鮮。所以在店裡牆面上張貼著「新鮮水果，快速送達」之類的宣傳語。可是你的生意並不是那麼好，因為周邊還有不少水果店，怎樣才能讓你的水果店脫穎而出呢？

　　我們可以用問「為什麼」的方法，來洞察顧客的深層需求──我們在水果店詢問一位購買水果的典型顧客：下班後的媽媽。

　　問：為什麼大家喜歡新鮮的水果？

顧客：我覺得新鮮的水果味道最好。

問：為什麼味道對你這麼重要？

顧客：因為味道好，我的小孩就喜歡。

問：為什麼孩子喜歡吃蘋果對你很重要？

顧客：蘋果對他的健康好。

問：為什麼孩子健康對你這麼重要？

顧客：因為我想要做一個好媽媽。

問：為什麼照顧家庭對你很重要？

顧客：這難道不是理所應當的嗎？

我們可以發現，購買新鮮水果這一行為的背後是媽媽守護家庭安全、健康，做一個負責好媽媽的底層價值觀動機。因此，我們可以將原先 what 層面描述「新鮮水果，快速送達」的宣傳語，更換成類似「我們與您一起守護家人健康」的觀點。

互聯網產品設計中，常常會提到用戶需求有眞需求和僞需求之分。在我看來，僞需求看到的是需求的 what 層面，而眞實的需求是要在 what 的表象之後挖掘到眞正的 why。**從 why 入手，這一簡單的思考方式能夠說明我們在紛繁複雜的世界中撥開迷霧，直指重點。**

我發現，在與人聊天的過程中，你可以透過對方是在哪個層面討論問題，從而判斷他對這一問題理解的深刻程度。於是，我把這一方法用在了招聘新員工中：一大半的應聘者因為思考問題停留在 what 層面，

就無法進入複試。

　　而有的應聘者能夠對他過去的工作進行介紹，不是僅僅局限在工作內容本身，還能清晰地認識這個工作是在什麼背景格局下產生的，為什麼要完成這個工作，完成這個工作的關鍵是什麼，突破口是什麼……這樣的人，即使在專業技能上暫時欠缺，也能夠進入複試。

　　因為技術層面的事情有很多成熟的方法，給予時間訓練就能提高；而思維方式的問題，因為涉及很多底層的假設和思維模式，如果沒有一定的基礎是難以改變的。（不是不可以改變，但很難，而且公司和個人需要投入的成本極大。）事實也證明，我們招聘的員工中，具備這一能力的人往往會表現得非常優秀，工作上手的速度和理解問題的深度都要遠遠優於那些思考問題停留在 what 層面的人。優秀的人，在思考問題時，不會被表象迷惑。

☑ 抓住 why 的本質，激發 how 的創意

　　在給客戶做諮詢的時候，我越來越發現：客戶提出的問題是 X，但是答案往往卻在 Y。就好比你去醫院看病的時候，你告訴醫生頭疼，但是醫生需要全面檢查，因為你的病因很可能並不在頭部。但是我們大多數人就是在頭疼醫頭，腳疼醫腳。而黃金思維圈卻能夠有效幫助我們有意識地去思考：我們的問題真的是頭疼嗎？

　　有一次，我給一個旅遊景點提供諮詢服務。當時他們已經找過其他幾個團隊進行諮詢，諮詢內容是對他們的景點準備新開發的二期專案進行策劃。客戶對新專案建設什麼內容、投資規模控制在多少，一直沒有拿定主意。客戶集團的總經理向我介紹了此前其他團隊的策劃思路和大致的設計方案後，問我：成院長，你覺得哪個方案好？如果你是我，你會怎麼回答？

　　這是一個關鍵溝通：在和客戶的溝通過程中，如何回答重要的封閉型問題非常重要，因為這會決定此後談話討論的基調。我沒有直接回答客戶的問題，而是向客戶提出一個問題：您為什麼要開發二期專案？

　　經過深入的溝通，我發現客戶之所以要建設二期專案，是因為一期專案雖然遊客不少，但是並沒有賺到錢，所以他們期望通過二期建設的項目來增加收入。所以，客戶實際上是想要提升景點的獲利能力，這是 why，而建設二期專案是表現出來的 what。這樣，我要幫客戶解決的問題實際上並不是判斷「做哪個方案更好」，而是「怎樣提升景點獲利能力」。我發現，他們現有的景點有著非常好的客流量，只是目前僅僅依託門票經濟，客單價比較低。如果我們能夠給每位遊客的消費支出增加，哪怕只有 10 塊，整個景點立馬會增加幾百萬收入。

　　這是一個相當穩妥、收益確定的方案，並且相比於開發二期專案，投資非常少。當我提出這一思路的時候，客戶很受啟發，很快決定和我們合作：先將一期專案收益提高，再根據一期投資收益情況考慮二期專案。這個項目的簽約並不是因為我比別人提出更好的設計方案，而是我

比別人多思考了一下「客戶爲什麼想要做這件事情」。一個簡單的思維習慣，就能更好地幫客戶找到解決方案。

當你停留在 what 的層面找答案的時候，答案永遠不會有創新。而當你從 why 的層面去思考問題的時候，你在 how 的層面就會產生很多創新想法。因此，我們公司的員工都要培養解決問題時先詢問 why 的習慣，以終爲始地去開展工作。

有一次，我們公司要在各重點大學參加雙選會（雙選會指學生／公司雙向選擇的招聘會）和舉辦宣講會，由一個實習生負責去學校貼海報。這事情夠簡單吧？讓我們看看她寫的關於那天經歷的工作日誌：

> 週二下午要去各學院下發海報。
>
> 這看似是一個再簡單不過的跑腿了。如果換成以前，我肯定不假思索什麼準備都不做就直接出發了。
>
> 可關鍵是，在公司待了一段時間後，我養成了做任何事情之前先問自己「why」的習慣──每件事不管大小，都要思考其意義。
>
> 下發海報是爲了給我們的專場宣講會和參加的校級雙選會預熱，讓每個學院幫忙宣傳，而且海報張貼在展板上就會有路過的同學關注。因此，我發海報的工作，不是發了就完成了，還要達成宣傳的效果。

那麼，這個過程可能會遇到哪些問題呢？

1. 部分學院不瞭解我們公司，可能不願意配合，所以我可能需要準備一段簡短又有重點的公司介紹，然後再說明我的來意。
2. 我事先查了每個學院的職涯中心辦公地點，有一些在三四層樓的地方。這些地方經過的人少，宣傳效果不大。所以最好能說服負責的老師幫我們宣傳一下，或是能把我們的海報放在一樓大廳的展板上。
3. 思考除了發海報，還能不能找到其他更具宣傳力度的宣傳方式。

帶著這些準備和思考出發，我覺得派發海報都變得非常有學問了，而我也的確遇到了一些上面考慮到的情況，還好自己早有準備，所以進行得很順利，沒有遇到應對不了的突發狀況。

當我經過主樓時，看到那醒目的宣傳欄，我突然想到，雙選會可是學校大事，這海報不應該只給學院發，如果能在主樓宣傳欄張貼，那效果可比單獨發學院大多了，於是就又跑到學校找老師。

事實證明，當天的效果非常好，整個雙選會現場，我們是學生

排隊進行諮詢最多的公司，收到了很多優質履歷；而宣講會上大家也坐得滿滿，氣氛十分活躍，同學們滿意度很高。

今天看《第五項修練》，書中說：每個人不能只囿於自己的崗位，覺得只做好分內之職就可以了，要對職位之間相互關聯產生的結果負有一定責任。我覺得，如果我只是簡單地去發海報，也可以完成任務，但是那樣就僅僅是完成我的「發海報」任務，對於其他人來說沒有任何用處。而從思考 why 入手就能對整個公司的各個環節起到幫助作用！

如果你培養一些習慣後，能夠從發海報這件事情中學到東西，那你就能從任何事情中獲得成長和收穫—這種能力所產生的效果是最可怕、最驚人的。

黃金思維圈是一個非常簡單而強大的思考工具，也因此成為我的臨界知識之一。它如此簡潔，而又直指問題的本質。我真誠地向大家推薦這一思考方法和工具。這可是我們公司快速成長的祕密武器之一！

進化論：把知道化爲行動

✅ 與魔鬼共舞

前幾天，我一位女性朋友在家人的勸說下，回到了家鄉縣城。家人費了很大勁，終於託關係給女孩找到一個合適而穩定的工作：國有大型銀行櫃員。皆大歡喜。但我不禁感嘆，人們又掉入了「與鬼共舞」的陷阱啊。

「與魔鬼共舞」是進化論中的一個概念。其大意是說一個物種在適應過去的環境時，會形成一種行爲 A；當環境發生變化不需要行爲 A 了，可物種仍然會延續過去的做法，就像與魔鬼共舞一樣。比如，自古以來海龜寶寶都是在夜間的海灘上破卵而出，然後爬向大海，回到自己的家。在夜晚，這些小海龜是靠著海面反射的月光找到大海的。而自從島上有了房屋的燈光後，新生的小海龜不去大海了；牠們向著陸地的燈光一步步爬去，最後死在爬行的路上。

與魔鬼共舞可不是只發生在小海龜這樣看起來單純呆萌的動物身上。人類身爲進化的產物之一，也一樣會與魔鬼共舞。家裡人勸孩子回家過安穩日子，沒什麼錯，問題是把銀行櫃員當成穩定工作卻是在與魔鬼共舞啊。銀行櫃員是大家心目中公認的穩定職業：銀行是國有大公司，有保證，而且櫃員不用風吹日曬，很少加班，是最適合女孩子的穩定工作。

可是，過去的穩定不代表未來的穩定。姑且不說銀行櫃員有一個從名字上就能看出來的競爭對手——ATM……你看看過去人們去銀行排隊轉帳，繳水電費；而現在都用支付寶、微信支付來處理，銀行都快成老奶奶老爺爺的社交空間了。對了，我家樓下賣紅薯的大爺都貼出二維碼支援掃碼支付了。

即使像辦理開戶銷戶這種需要本人到場的業務，也可以通過線上認證解決。這不是想像，而是我前一段在招商銀行親身體驗的服務。

銀行櫃員的外部生存環境已經發生改變。如果國有銀行繼續財大氣粗，養著櫃員也無所謂。可是，隨著互聯網金融的發展，銀行躺著掙錢的日子越來越難了。2015 年《廣州日報》一篇財經報導的標題是：〈銀行業大降薪：部分銀行分行基層人員流失近半〉。

外部環境已變，可人們仍然延續過去的認識和行爲：銀行櫃員＝輕鬆穩定。如果我們與魔鬼共舞而不自知，還想要在這個快速變化的世界裡生存得更好，那麼，對運氣的要求未免太高了。

那麼怎樣才能適應這個快速變化的世界？

✅ 擁抱變化

1998 年引爆亞洲金融危機的索羅斯，非常擅長在環境變化中抓住機遇。他的薪水至少比聯合國中 42 個成員國的國內生產總值還要高──這叫富可敵 42 國。這麼一個善於應對變化的人，他 14 歲的經歷對他有著決定性的影響。1944 年，德國納粹尚未入侵布達佩斯時，索羅斯一家人和他們的朋友過著安逸生活。人們絲毫沒有意識到平靜生活即將結束，一場大屠殺將要降臨。然而，索羅斯的父親是一個例外。他是奧匈帝國的官員，經歷過 1917 年的俄國革命。他從那次革命中學到：要做出激進的行為來回應變革。因此，索羅斯的父親不顧家人反對，在社區一片安詳的情況下把家人送到隱蔽場所。

結果，這個決定拯救了全家人的性命。索羅斯後來總結道：「我認識到，要存活下來就必須採取積極行動。我父親的經驗就是，如果你在那些規則已經不適用的地方遵守規則的話，你就死定了。」

坐以待斃，是最危險的。想要在變化的世界裡生存得更好，你得在環境發生變化的時候快速回應。

20 世紀 80 年代改革開放時，下海經商、冒險成為「資本家」的人們成了第一批萬元戶；90 年代，敢於在村集體開設鄉鎮企業的人成了一批暴發的「農民企業家」；2000 年之後，投身住房改革、搞房地產的人成了《富比世》中國排行榜上的主力；2010 年後，在移動互聯網和金融快速發展的時候，想方設法留在銀行做櫃員的……顯然是對環境

變化反應不過來的。

巨大的成就，絕不是來自簡單的個人努力。你再努力，一天也只有 24 小時；只有在資源重組的巨大變革中抓住機遇，才能讓形勢的浪潮將你推送到成就之巔。IBM、微軟、蘋果、谷歌、Facebook，它們站在一波又一波的浪潮之巔。用現在流行的話說：**你要做那個站在「風口」的豬**。如果你對刮來的風無動於衷，沒有成為下一個賈柏斯，那也沒什麼。可是，如果你看到龍捲風來了，卻沒能像索羅斯的父親那樣拔腿就跑的話，結果就不好玩了。

✅ 位置比努力重要

索羅斯說：「你是否能夠存活下來，取決於你是否意識到常規根本不適用。」想要在變化的環境中生存下來，首先你要意識到環境發生了變化。單從這一點而言，人類比物種進化歷史上的其他生物要有一些優勢；如果我們可以應用自己的心智提前發現變化，就有可能更主動地應對變化。

怎樣才能讓自己更快地發現變化，甚至預見變化呢？我的一個思考是：你在哪兒比你幹什麼更重要。換句話說：**位置比努力重要**。

想像一下，你是一隻站在山頂上玩耍的小羊，這時候遠處的狼來了；比起在山腳下吃草的小夥伴，你更知道自己下一步該怎麼做。不是因為

你更強壯，而是因爲你所處的位置擁有資訊優勢。

我上大學的時候在政府招生辦公室工作，於是常有朋友問我：「高考填報志願，選專業重要還是選學校重要？」在我看來，選城市更重要。報考志願，首先考慮「北上廣」（北京、上海、廣州），哪怕學校次一點，專業差一點。爲什麼？因爲在北上廣這樣的城市，人才、資訊高度密集，新的方法、新的理念在資訊交流中快速演化，對各種可能性的試錯每時每刻都在發生。你在大城市中看到未來趨勢的機率要比在小鄉村裡高得多得多。

如果賈柏斯不是在矽谷，而是在偏僻的小鄉村，他就沒有機會參加一幫技術鬼才組織的電腦俱樂部，也就不可能發現電腦的趨勢。就像站在山腳下的羊，很難及早看到狼來了。

因此，讓自己站在具備資訊優勢的位置至關重要。正所謂，春江水暖鴨先知。做鴨子，很重要。可是，怎麼做呢？

如果你在北京，忍受著高昂的房價、擁擠的地鐵和嗆人的霧霾，卻每天過著兩點一線的單調上下班生活……那麼，你真的不如回到家鄉。至少，家鄉有父母和清潔的空氣。

瞭解另一個圈子的人在做什麼，嘗試一下自己未曾有過的人生體驗，聽一場自己從來沒接觸過的領域的講座……這些都是你在其他城市所不具備的優勢。

不過，讓自己能夠更高效地具備資訊優勢，還有一個更重要的方法：找到人脈中心。此前我們文章中提到一個重要的臨界知識：冪律定律。

資訊密度的分布不是平均的，而是 20％ 的人擁有著 80％ 的資訊連結。
就像下圖，站在中心的人，擁有更多的資訊來源。

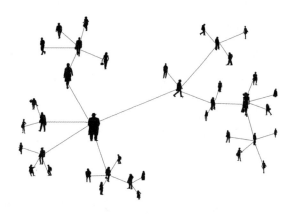

而人脈中心，就是那些處於資訊中心的點。如果你想讓自己有更多
的資訊優勢，要嘛自己成為人脈中心，要嘛結識更多的人脈中心。

☑ 死於「知道」得太多

在 2007 年金融危機爆發前幾個月，花旗銀行的首席執行長普林斯
在接受媒體採訪時說：「金融領域將會發生顛覆性的事件。到那時，流
動資金非但不會補充進來，反而會大量流失。」

幾個月後，金融危機爆發，一切正如普林斯預測的一樣。不過人們

最能記起這句話的日子是 2007 年 11 月 4 日──這一天，普林斯辭職了，因為預測到危機的花旗銀行照樣未能倖免，資產累計減記高達 450 億美元。我們有時候看到了變化，卻仍然無法擺脫失敗的命運。

哈佛商學院教授克里斯汀生在《創新的兩難》中發現：「當成熟公司所在行業遇到顛覆性的新技術或市場時，這些公司幾乎總是失敗。問題不在於公司沒有意識到世界已經發生變化，而是他們沒有及時地、充分地改變行為。」

他們的典型反應是「積極的惰性」，看起來更努力地嘗試，本質上仍然因循守舊。

心理學研究發現，我們每個人有兩套理論：一套是「聲稱的理論」，一套是「實行的理論」。隔壁老王每天出去演講說，面對這個世界要充滿正能量，要信任別人，可是他從來不借給別人一分錢。說大道理，人人可以，可是踐行的，就微乎其微。

在看到變化這件事情上，人們也一樣。說起來都看到了風口，可是真的願意放棄目前安穩的生活，投入不一定可靠的風口，並不是人人都做得到。**很多機會，不是死在你不知道，而是死在你知道得太多，卻沒有行動。**那麼有辦法破這個局嗎？很幸運，至少有三個方法可以嘗試。

第一，**祈禱自己擁有冒險的基因**。我不是開玩笑，科學研究發現，敢於擁抱變革的人，體內是有一種冒險基因的。這一類人對變革做出反應的速度快，那是天生的。雖然冒險可能讓人死得很慘，可是在進化

過程中如果沒有這些擁有冒險基因的人，人類恐怕也無法從森林走向草原。不過，如果你和大多數人一樣，沒有這個冒險基因，你還有另外兩條路可選。

第二，**精實創業，最小成本試錯**。在我看來，精實創業的思想讓人類應對環境變化的方法論達到了一個新高度。什麼是精實創業呢？簡單地說，就是最小成本，快速試錯，快速改進。比如，你有一個創業想法：在北京地鐵站裡自動售賣鮮榨果汁。大家投幣或者掃碼支付，榨汁機自動榨汁，你就可以喝到一杯新鮮果汁了。北京地鐵每天有上千萬的人流，在每個地鐵口放一台這樣的機器，這是多大的商機啊！你會怎麼辦？聯繫生產廠商，開發自動榨汁機模具，和地鐵營運公司溝通，安裝投放機器，等待市場回饋？

精實創業的思想不是這樣。最小成本試錯的方法更可能是：拎一袋水果和一個榨汁機，站在地鐵門口賣榨汁，看有沒有人買。如果沒有人願意等你榨汁，你也不用浪費錢去開發模具了。如果有不少人願意買，你就做一個販賣機的外殼，自己藏在裡面。有人投幣之後，你打開榨汁開關，類比一個投幣自動榨汁機運行的全過程。如果投幣自動榨汁機也很受歡迎，你再開發模具，顯然成功機率要大得多。

精實創業的思想告訴我們：面對環境變化的時候，如果不敢確定，你可以先小成本測試，找到相對靠譜的方案後，再加大投入，直至全力以赴。

這個過程中，「策略嘗試、觀察結果、保留策略」恰好對應進化論

三大要素：變異、後果、遺傳。只不過，精實思維極大地壓縮了變異的時間和遺傳的速度，能更高效地推動進化。

第三，**模仿領先者的行動**。中國人學習美國創業產品的能力全球第一，從人人網到團購再到微博。不過，變化的環境才不管你是模仿的還是原創的，只要你適應環境就可以。

在生物進化的過程中，也發生著這樣的現象。一些物種在變異過程中，產生了一些有優勢的性狀；而另一些沒有這些基因的物種，可能會模仿這個優勢性狀的行為，它們也生存了下來！

看到在環境變化中取得優勢的行為後，你可以選擇跟進。事實上，多數情況下，抓住一個趨勢並不需要你是第一個看見的；你只要是第一批跟進的，就能夠享受到變革的紅利。比如 20 世紀八、九〇年代的下海潮、經商潮其實持續了很多年；QQ 當年模仿了 ICQ（國外一款聊天軟體）；賈柏斯夠牛了吧，他的圖形介面是模仿全錄的；畫家裡最有模仿力的可能要數畢卡索了。藝術圈裡流行這麼一個傳說：曾經有段時間，只要畢卡索一出現，畫家們就趕緊將自己的作品藏起來，因為畢卡索看到就會把人家的抄襲一遍。其實，模仿也是管理學上說的「目標」。當然模仿也是有層次的，真正的模仿是理解「為什麼」，看到模仿的本質，而不僅僅是表象，這才是後期超越的關鍵。

不過我發現，你能模仿的成功，往往是和你一個能力層級的人的成功，因為你們影響資源和適應環境的能力基本相似。你去模仿馬雲的策略，那基本上是天方夜譚。可是你模仿你朋友圈裡的「尖子生」（成績

出類拔萃的學生），卻能給你很多啓發。

所以，重要的不是你知道多少，而是你能採取行動，改變多少。

⊘ 總結

在變化的環境裡，行動的跟進常常是遲緩的，我們會在新的環境中「與魔鬼共舞」。因此，我們應該構建資訊優勢，讓自己及時看到環境的變化。

但是，知道和做到是兩碼事。正確的方法論（精實創業）和模仿同級別最優秀人的做法，能夠讓你在沒有冒險基因的情況下，更好地把知道變爲行動。

系統思考：找到關鍵解

✅ 為什麼最高效的方法總是反直覺？

每天，電視螢幕、網站首頁、手機微信都會告訴我們最新事件：有人回收死蝦做蝦仁、今日股市暴跌了、魏則西被可惡的百度和莆田系醫院害死了[①]……各種各樣的最新事件，源源不斷地吸引著我們的注意力，挑動著我們的情緒。我們關注魏則西事件，微信上便瘋傳各種百度害人、莆田系醫院危險的文章，滿足你的好奇心，讓你宣洩不滿的情緒。

然而，瞭解這些事情再多，也很難讓我們有更深刻的認識：我們這種理解世界的方式，既不能增強預見性，也看不到其內在的原因。唯一能起到的作用，是幫我們打發碎片化的時間，增加一個茶餘飯後的話題，站在道德高地彰顯我們的正義感。

事實上，這些事情都是這個世界運行的巨大複雜系統中呈現出來的可見部分；而真正起作用的，往往不是這些能夠看到的表象。就像一個

---

①：魏則西事件是 2016 年 4 月至 5 月間發生在中國的一起牽涉醫療詐欺廣告及網路搜尋服務公司未盡企業社會責任的社會事件。受害者魏則西及其家人因在百度推薦的武警北京市總隊第二醫院接受未經審批且效果未經確認的治療方法，導致耽誤治療，最終於 2016 年 4 月 12 日不治去世。事件隨後在五一假期開始升溫，導致百度股票暴跌。包括官方媒體在內的中國輿論對此也進行批判。

黑社會的運作系統——在外面收保護費、打打殺殺的一定只是小混混，而真正起決定作用的，甚至不是黑社會的老大，而是黑社會存在的各種社會要素的依存關係。

可是，路人看到一個混混欺負小姑娘，最直接的反應是這個混混人太壞了，一定要除之而後快。而這種追求正義感的情緒發洩，一旦在互聯網上傳播，就會激發起更大規模的情緒傳播。所以《烏合之眾》中提到，群體是無法思考的。那麼，我們怎樣才可能看到系統背後的祕密？

☑ 思考「關係」，而非「人和事物」

現代物理學的一個重要知識點就是，部分的性質通常來說不是最重要的；最重要的是它們的組織，它們組合起來的模式和形式，也就是各個部分之間的關係。

石墨與鑽石由相同的碳元素構成，只是碳元素的組織方式不同，展現出來的性質就截然不同。這就像這個世界上每天發生的形形色色的事情，看起來千變萬化，但這些複雜變化的背後，可能是簡單的規則。正如道家說的：「道生一，一生二，二生三，三生萬物。」

我們習以為常的思維方式認為：社會之所以複雜，是因為人是複雜的。百度沒良心，莆田系醫院大發不義之財，你看谷歌不做惡多好；和我們這屆善良人民相對照的是，我們這屆企業素質不好啊。人們大量轉

發的文章，基本在說兩件事情：百度太可惡，爲了利益沒有道德底線；莆田系醫院太可怕，背後黑幕多。

這些分析不是沒有啓發。只是，如果看問題最後都歸結到人的品性和黑幕上，恐怕對我們理解現在、預見未來沒什麼幫助。讓我們先拋開這些道德批判與黑幕進行分析，如果沒有道德缺陷和背後黑幕的話，會不會還發生這樣的事情？一件事情是否發生，到底是什麼決定的呢？

從系統思考的角度討論這個問題的話，有兩個假設很重要。

一是系統結構決定「部分」的行為。

系統中的事情之所以發生，主要是系統的結構和各部分之間的關係決定的。理解百度、莆田系醫院的行爲，不應該僅僅停留在這個系統「部分」的性質，更要看它們互動的結構，結構決定行爲。

二是系統不是簡單的線性因果關係，而是迴路網路關係。

簡單的線性因果關係是說：因爲百度、莆田系醫院壞，所以導致嚴重後果，進而我們要抵制、消滅它們。系統的迴路網路關係是指，每件事情都不是簡單的因果關係。相反，系統中的每件事情都相互影響，因就是果，果就是因。如果要跳出簡單的因果關係，進行更深入的系統思考，關鍵突破口是：從事物的互動「關係」入手，而非從「事物」本身入手！

讓我們對魏則西事件做一個最簡單的關係分析。從最小的系統來

看，這件事情至少涉及魏則西（用戶）、百度、醫院三個部分，他們之間發生關係的方式大致是這樣的：

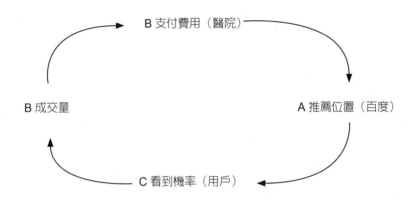

1. A（百度）推薦 B（醫院）給 C（用戶）。
2. 用戶群體 C 看到 B 的機率，影響著 B 的業務成交量。
3. B 成交量越大，就越願意支付推薦費用給 A。

這個系統模型非常簡單，它揭示了百度具有的「仲介推薦」性質。魏則西事件可以用一句話總結：仲介 A，把不合格的 B，推薦給了 C，造成 C 的損失。百度作爲仲介 A，向用戶 C 推薦了有問題的 B，是不是就說明百度太可惡了呢？

　　讓我們看看在類似系統下，其他仲介公司表現如何。說到仲介，我第一個想到的是房地產經紀公司鏈家。百度一搜，原來鏈家（A），也會把被查封的房屋（B），推薦給購房者（C），導致購房者利益受損。

　　其實除了鏈家這樣直觀的仲介，像攜程這樣的網站，本質上也是個仲介。人們在致電／搜索目的地旅店時，客服／網站優先推薦的旅店，其推薦依據是什麼？

　　競價排名。你沒有看錯，攜程在優先給客戶推薦旅店時，也是用競價排名的方式：給的錢多，就優先推薦。這一次，攜程（A），把不可靠的旅店（B），推薦給了消費者（C）。

　　如果以人性善惡的標準而言，百度、鏈家、攜程等企業都是昧良心的惡人，可苦了我們這些善良的人民了。可是，讓我們仔細想想：就算是沒道德的人，也會考慮如何賺更多的錢。對 A 而言，它應當明白為 C 提供優質服務，是系統能夠持續正向回饋運作的關鍵。可為什麼它會殺雞取卵，損害 C 的利益呢？

✅ 系統回饋的祕密

　　北京早上的交通擁堵實在讓人煩心。於是，我在京東協力廠商賣家那裡買了一輛便攜自行車。收到車的時候，我發現車上不僅少了一些重要零件，而且，那明顯是一輛二手車。

　　這讓我很不滿意，於是聯繫客服，要求換貨。很快，京東取回自行車，又補發了一輛。這次是一輛新車，但配件中卻少了一個運動水壺。於是，我在京東上詳細描述了購物過程，順手還給了一個 2 星的差評。第二天，自行車經銷商打來電話，非常客氣地向我道歉。

　　隔了兩天，我收到了補寄來的水壺。出乎意料的是，不僅有水壺，居然還有升級版的自行車車座、隨車指南針、夜間手電筒等配件。看來經銷商為了表達誠意，贈送了額外的禮品。之後，我又接到了經銷商的電話，請求我把差評刪除。

　　我的這次經歷，除了後果嚴重性不一樣之外，本質上和魏則西事件是一樣的。我們都在協力廠商的推薦下，購買了不合格的服務。

　　不過，這兩件事情有一個明顯的差異：企業 B 的處理方式不同。是因為這家自行車企業的道德水準更高、更關心消費者嗎？或許有這樣的因素吧。但是，從系統思考的角度看，百度和京東兩個系統之間有一個重要的差別：**回饋機制**。

　　在京東的系統裡，消費者 C 可以對 B 的產品／服務品質進行即時、公開的評價，而評價的結果會對潛在用戶 C 產生影響——B 的廣告效果不僅取決於 A 的推薦，還有 C 的評價。因此，B 為了利益最大化，是有動力對服務品質進行改進的。

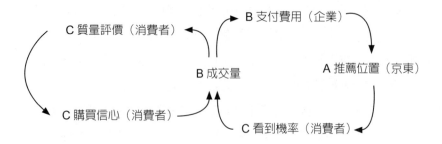

　　而在百度的案例裡，使用者對醫院服務的評價既缺乏有效的回饋管道，也沒有公開的評價體系。最後，魏則西的回饋是在這個系統之外的「知乎」上進行的。因此，在百度的系統裡，使用者 C 的回饋有一個極大的延遲，大到出了人命。

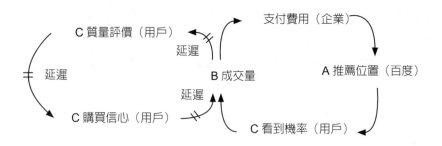

　　在一個系統中，當資訊的回饋有時滯時，很容易讓系統中的其他部分產生「沒什麼問題」的假象，進而讓系統產生錯誤的扭曲。

就魏則西事件而言，由於用戶對醫院的評價基本沒有管道回饋，所以，百度無法得知自己推薦的醫院有什麼問題。百度所能看到的只是關鍵字的競價價格。既然在百度看來推薦誰都一樣，那麼遵循市場經濟原則，推薦出價高的人就好了。

直到有一天，百度突然發現，自己一夜之間成了眾矢之的。百度也覺得很冤枉：我審查他們的資質證件了啊，醫院騙人我也管不了啊！你們不能指責我啊……

系統的時滯讓我們無法對自己行為的結果做出正確的評估。一次粉塵顆粒的排放，似乎對我們的環境並沒有什麼影響。直到有一天突然霧霾籠罩世界，就像百度突然發現自己成了眾矢之的，我們才發現原來過去行為的結果一直在那裡，它會在未來連本帶利地回饋回來。時滯，是系統思考中非常關鍵的概念。系統的關鍵常常被時滯帶來的假象隱藏起來。

✅ 找到關鍵解

系統思考的一個迷人之處在於：我們可以通過系統模型分析，找到系統關鍵解，實現四兩撥千斤的效果。所謂系統關鍵解，是指**一個系統中的特定位置──對其施加一個小小的變化，就能導致系統行為發生顯著的變化。**

　　比如，美國國家衛生研究院曾經做過一個研究，他們幫助 1600 位有肥胖問題的人減肥。兩組人減肥的方法一樣，只是要求其中一組必須記錄自己的飲食，只是記錄下來就行，不用再做任何事情。

　　結果，令人驚訝的事情發生了：在實驗到第六個月的時候，那些每天做飲食記錄的人比其他人多減了一倍體重。飲食記錄，是這個系統的一個關鍵解。在一個不起眼的環節採取行動，能夠帶來整個系統結果的巨大變化。

　　即使沒有聽說過系統關鍵解，我們也會在處理問題時憑藉直覺判斷，尋找解決問題的關鍵點。多數情況下，我們的答案看似有效，但往往只是「症狀解」：摁下去葫蘆，未來會浮起瓢。

　　美國美鋁集團曾經面臨市場規模和利潤不斷下降的問題。如何提高美鋁的經營業績，提升公司利潤呢？人們期待著新首席執行長提出提升產品競爭力、降低成本、開發新品等振興企業的策略。

　　然而，美鋁公司新上任的首席執行長保羅·歐尼爾給出的解決方案讓人大跌眼鏡。他提出解決問題的突破口是：減少公司生產的安全問題。當投資者們確信這位首席執行長在面對美鋁這個爛攤子，要做的事是提高生產安全性的時候，很多人衝向電話亭，打電話給經紀人：「快賣掉美鋁股票，他們這裡來了個瘋子！」

　　但結果證明，奧尼爾就職不到一年時間，美鋁就取得了空前的利潤。提高獲利能力的答案是減少企業的安全問題？這看似難以理解。然而複雜系統的特徵之一便是「違反直覺的」。在紛繁複雜的表象背後，

那個眞正起作用的關鍵解可能讓我們難以想像。

　　類似魏則西事件裡的仲介「善惡」「道德」問題，我們從系統思考方式出發，發現或許建立及時、公開的回饋系統是一個可以嘗試的關鍵解；而美鋁的奧尼爾也是在理解了公司背後的運作系統後才做出了驚人的決定：提高生產安全性→停工減少、不良品減少→成本降低、品質增加、產量激增、浪費減少→增強競爭力→更多收入。

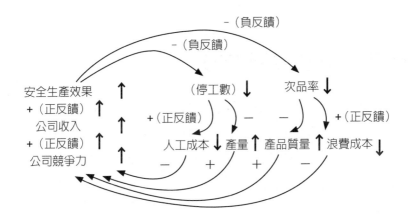

　　可爲什麼人們最初聽到一個經營收入不佳的公司要增加安全投入時，第一反應是不可思議呢？

　　推動系統的關鍵解運作，剛開始，系統的情況往往會更糟糕。我們會習慣性地按照採取的行動和之後的結果來評價事情的好壞。如果公司經營困難，那麼要採取的行動就是如何增加收入；而提升安全性，是一

件花錢而沒有收入的事情。所以，人們會覺得，這個時候在安全性上花錢很難理解。

然而，能從關係入手思考問題、瞭解系統背後結構的人知道一個祕密——**最有效的解決方案裡，行動的原因和結果在時空上並非緊密聯繫。**

我們習慣用簡單的因果關係理解世界。當因和果在系統中有延遲之時，我們就很難看到背後的運作規律。

✅ 培養系統思考的能力

在臨界知識中，系統思考是能夠將其他臨界知識串聯起來組合應用的工具。培養系統思考的能力，是構建自己深刻洞察力的一個重要方式。我們應該時刻提醒自己：這個世界不是簡單的因果關係，理解事物最重要的方式是對事物之間的關係進行思考。這樣，我們才能在芸芸眾生中形成自己的獨立見解。

多數人只能看到事件本身，在 what 層面做出反應；少部分人能夠總結出事件的規律、模式（how），從而預見未來；而只有極少數人能夠探求到系統運作背後的結構——理解了系統運作的 why，就有可能設計整個系統。

事實上，系統思考是一種與我們直覺思考不同的思考方式。它是整體地、動態地、連續地思考問題的思維模式，是在複雜動態系統中以簡馭繁的智慧。

那我們如何能夠具備這種能力？推薦幾本重要的書籍：彼得・聖吉的《第五項修練》、聖吉的老師唐內拉・梅多斯的《系統思考》和丹尼斯・舍伍德的《系統思考》。

其實，讀完這幾本書也無法學會系統思考，關鍵在於嘗試去應用這種思考方式。就像本文案例所進行的系統思考，答案未必正確；但是用這樣的方式去思考，本身就會讓我們看到更深層的可能原因。

就我個人經驗，在訓練系統思考能力時，有幾個線索值得注意。

1. 關注「關係」而非「事物」。

我們在思考事情的時候，會情不自禁地以個體身分來思考和行動。但是，系統背後有超越個人的力量在影響著世界的運作。養成從分析關係和事物彼此間的影響入手，是培養系統思考習慣非常重要的一步。

2. 分析系統結構，也可以從歷史情況入手。

除了分析現狀的關係外，從歷史資料中找到系統行為和時間之間的變化趨勢，也是說明我們理解系統運作的重要線索。重要的是研究歷史的「過程」，而不是歷史的「快照」。比如，霧霾到底是怎麼形成的？我們有無數個假設的答案和方法，但是從歷史的資料入手，研究霧霾和時間的關係，是一個可能的嘗試方向。

3. 獨立思考，快速試錯，觀察系統的結果。

我們的思考方式很容易被我們看到的微信文章、新聞報導無聲無息地左右。如果你希望構建自己獨立思考的能力，就要區分觀點（假設）和事實，要觀察真實發生的狀況，而不是聽別人的解釋。當你分析了事物間的關係，研究了歷史的演變情況，往往會得出一些假設的結論。這時如果你能用這些結論做一些測試，觀察系統的結果究竟如何，你對系統的理解可能會更加深刻。

4. 系統關鍵解有時在資訊制高點。

讓一個社區家庭節約用電,除了讓居委會大媽貼出「珍惜能源,節約用電」的標語外,還有沒有更有效的方式?荷蘭的一個住宅開發商在給社區房屋安裝電錶的時候,因爲工程原因,一部分房屋的電錶安裝在地下室,一部分房屋的電錶安裝在門口前廳。在沒有其他區別的情況下,電錶在門口的家庭用電量比電錶在地下室的家庭低了30%。差別僅僅在於電錶是否容易被人看到!這個例子給我兩個啓發:及時回饋,對系統的行爲有很大的影響;有時候你成功,不是因爲你努力,只是你幸運地處在正確的位置。

二八法則：
提高人脈管理的效率

✅ 人脈的三個價值

據說，史丹佛大學曾經做過一項調查發現：一個人賺的錢 12.5％來自知識，87.5％來自關係。這個結論是否普適，我無從考證；但良好的人際關係能夠成為我們成就事業的助力，這一點卻是普遍的經驗共識。可是我們熟悉、不熟悉的朋友那麼多，究竟怎樣才能提高我們人脈管理的效率呢？

在此，我們借人脈管理這個話題，談一談「二八法則」。二八法則，看似熟悉又簡單，大多數人卻很少會主動去運用。這就像英文單詞中的「prefer」（更喜歡）：大多數人看到它都知道是什麼意思，可自己說英語時很少想到用這個詞。

不過，還是讓我們先從「人脈」這個話題談起吧。如果把人脈當成

資源進行管理，二八法則就會起作用：20%的人脈給你帶來80%的價值。那麼，你的人脈中，那20%是誰？是你最親密的人嗎？是最有錢的人嗎？還是地位最高的人？

人脈對我們的價值，主要體現在三個方面：第一，情感，提供情感慰藉；第二，資訊，提供資訊情報；第三，能力，分享資源能力。

我們這裡討論的人脈管理，主要是針對後兩點而言的——也就是管理資訊獲取的效率，和能力分享的機率。

✅ 人際關係的「結構洞」

先說如何提高人脈的資訊獲取效率。美國芝加哥大學社會學教授羅納德‧伯特，他曾經做過一個研究——人際互動關係如何更高效。在書中，他提出了一個概念：結構洞。先看看作者的定義：「結構洞是指兩個關係人之間的非重複關係。結構洞是一個緩衝器，相當於電線線路中的絕緣器。彼此之間存在結構洞的兩個關係人向網路貢獻的利益是可累加的，而非重疊的。」

看不懂吧？沒關係，我們換個容易理解的說法：在人脈關係裡，如果你不認識A，你的所有朋友也不認識A，A和他的所有朋友也不認識你，你和A之間就存在著一個結構洞。比如，你和歐巴馬的關係。你不認識歐巴馬，歐巴馬也不認識你。（你非說你認識歐巴馬，我也沒辦

法⋯⋯）你的所有朋友都沒有歐巴馬的手機號碼，歐巴馬的朋友也不認識你。簡言之，你和歐巴馬之間沒關係。那麼，你倆之間就存在著一個結構洞。

事實上，我們的朋友可以分為兩種。第一種，就像你的大學同學、親戚朋友。你們聊的東西差不多，認識的人也差不多，他的朋友也有很多是你的朋友。這種朋友關係稱為「重複關係」。另一種關係是，你和這個人活在不同的圈子裡，彼此的朋友也不一樣，你通過他能夠認識另一個陌生圈子的各種新朋友。這種朋友關係稱為「非重複關係」。

我們和第二類型的朋友之間，存在著結構洞。比如，我是做旅遊景點規劃設計的，我的圈子可能主要是設計圈和旅遊圈。這時候，我朋友中屬於媒體圈、律師圈、醫生圈的人，就和我的人際關係存在著結構洞。

結構洞是把我們的人際關係當做一個網路系統來看待，比如，如果你的朋友圈都是彼此熟悉的人，那麼你的人際關係網路大概是這樣子：

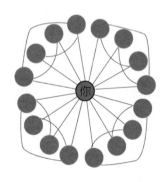

在這個關係網絡裡，大家的資訊獲取和交換管道比較類似。那麼從系統的角度看，你接收到的資訊就會存在大量的冗餘。因而，你在這個人脈網路中獲取資訊的效率就會降低。

如果要讓你的人脈網路關係形成更大的資訊優勢，你就要在你的朋友圈中盡可能多地增加「非重複關係人」。換句話說，你需要增加與你現有朋友圈關係背景不同的新朋友。這樣做之後，你的人脈網路結構就會得到優化。新的結構大概是這個樣子的：

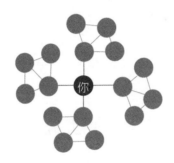

在這個網路結構下，你可以藉由管理和你存在著結構洞的非重複關係人（人脈中心），擁有不同管道的資訊來源。從資訊效率的角度看，你人脈關係中 20％ 的非重複關係人，在獲取資訊方面發揮著 80％ 的作用。

這個結論和另一位美國社會學家馬克・格蘭諾維特提出的「弱關係」有著異曲同工之妙。格蘭諾維特曾經寫過一本書，叫《找工作》

（*Getting a Job*）。書中提到，他的一項研究發現：「人們透過弱關係找到工作的次數，遠大於通過強關係找到工作的次數。」

所謂強關係，是你的親朋好友、熟識的人，這些人往往會和我們擁有相似的生活經歷，相似的背景，相似的人脈圈。相反地，弱關係是那些可能只有一面之緣、很久都沒有聯繫的人，他們帶來差異化資訊的可能性要大得多。

用結構洞的視角看，我們和弱關係之間更容易擁有結構洞。**如果你能不斷打造和擁有結構洞，就能極大提高獲取資訊的效率，從而讓自己占據資訊獲取的優勢**。要知道，在這個世界上，資訊和財富一樣，從來不會均勻地傳播。

☑ 人脈蜂窩：從串聯到並聯

管理不同圈子的人脈中心，自然能夠提高人脈網路的資訊效率。但是，這裡面也存在一個問題：因為你和你的人脈中心處於不同圈子，才能為彼此提供新資訊；但正因為你們圈子不同，保持與維護關係的必要聯繫也比較欠缺。如果我們不能和關鍵的人脈中心保持好的互動關係，又怎麼能有及時的資訊優勢呢？

一個解決思路是：**打造人脈蜂窩**。什麼是人脈蜂窩？舉個例子：你認識五個人，分別是 ABCDE，但是 ABCDE 是彼此不認識的，你就是

這個網路的中心。

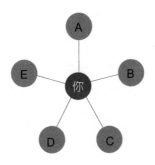

　　而同樣是這五個人，如果你介紹 ABCDE 彼此認識，就形成了像蜂窩一樣互相聯繫的網路關係。這個關聯式結構就是人脈蜂窩結構。

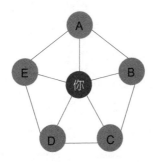

　　在前一個孤立模式下，你和朋友之間是單線關係，你的人際網路就像一個串聯網路：一旦中間一個環節斷開，這條線路就走不通了。而在蜂窩模式下，你的朋友們彼此認識、互相交流，你的人際網路就像一個

並聯網路：即使有一些環節出了問題，整個系統仍然有很多管道可以正常運作。而且，ABCDE 之間碰撞出來的新想法和新聯繫，也會因為你們彼此熟悉，能夠很快傳到你這裡來，增加你的新資訊。

我們可以看到，此前我們提到打造結構洞、關注弱關係，是增加獲取新資訊的管道和可能性；**而蜂窩理論，是把你的非重複關係人、你的重要弱關係，主動地建立成強關係**。過去，我們的強關係之所以不能提供新的機會，是因為我們的強關係是通過血緣、同學、同事形成的，後來沒有再進行主動的更新與拓展；而將不同朋友圈的人脈中心發展為密切聯繫的強關係，就能既發揮資訊優勢，又發揮情感支持的作用了。

富蘭克林早在 21 歲的時候，就連接不同領域人員組成一個組織：「共讀社」。在這裡，大家以讀書和分享為紐帶建立聯繫，同時又在各自的領域發展成長。很多年以後，這個組織變得非常有影響力，他們互相支持幫助，有的人成為測量局局長，有的人成為州法官，而富蘭克林本人更是成為與華盛頓同享聲譽的領袖人物。

很多人會把人脈當成自己的私人財產，有一些資源關係不願意分享給別人，生怕告訴了別人，就會影響自己。其實，朋友就是要相互成就、互相支持。真正的人脈，應該是促成連接、促成資訊交流的。

我們應當明白：不要把所謂的管道當做最重要的資訊，而是要學會利用這個管道，提升整個網路的資訊品質和新資訊敏感度。

說到這裡，我想起前幾年有一篇文章很流行，叫作〈圈子不同，不必強融〉。刻意地融入和自己本性、價值觀不符的圈子是無意義的。你

要做的不是去各種圈子毫無頭緒地認識各種人，而是從認可你、志趣相投的人裡面，發現和整合各自圈子的資源。

☑ 人脈價值：分享資源與能力

通過人脈中心連接結構洞，更多的是從人脈價值的資訊獲取層面討論。怎樣才能和朋友們分享彼此的資源和能力呢？

網上有句話叫：「你認識誰不重要，重要的是誰認識你。」這話也不盡然。事實上誰認識你也不重要，重要的是**誰願意幫助你**。就算你認識了一萬個弱關係，但是沒有人願意幫助你，也是沒有用的。這就涉及如何與人脈建立深度關係。

很多人熱衷於參加各種講座、論壇換名片，然後在朋友圈留個言、點個讚什麼的。但是這麼做，基本上沒有效果。翻翻通訊錄，你的朋友圈裡一定也有這樣的朋友。平心而論，你會主動和他分享你的資源和能力嗎？那麼怎樣才能把一面之緣的弱關係，轉變成能夠分享能力的強關係呢？

有一個重要的環節，是大多數人都會忽略的，那就是**和弱關係進行一對一的深入交流**。要想把網友轉變成生產力，你就必須花專門的時間和他們溝通。

當然，你不能和所有人都深入交流。但你可以找對你重要的、不同

圈子的人脈中心，和他們交流溝通，在彼此間建立信任、進行深入瞭解。信任，是構建能力交換的基礎。

只要見面溝通就能實現這一目標嗎？我們和別人建立信任關係，當然會受到多方因素的影響；但是彼此深入瞭解，顯然是重要的基礎。

能夠成為好朋友，最核心的是價值觀的認同。人品好，才是真的好，最後才是溝通的技巧。否則你天天說「正如我一個非常好的朋友，美國前總統柯林頓說的」，反而會被別人當做「裝熟魔人」。真誠，永遠是你贏得別人信任的好夥伴。沒有什麼道路可以通往真誠，真誠本身就是道路。

當然，在滿足上述條件之後，還有兩個方法能夠幫助你和對方更快地建立信任。

方法一：自我暴露

所謂「自我暴露」，是指和別人分享你的一些小祕密，或者去分享一些不會在公開場合談論的話題。

我第一次深刻感受到這個方法的威力，是在大約 2011 年。當時，我報名參加一個心理學主題的工作坊。剛開始，參加的人彼此並不熟悉；可是，在每週一次的工作坊裡堅持四五次後，我們十幾個人的關係變得特別親密——大家彷彿認識了很多年，彼此給予信任和支援，這種感受太神奇了！

為什麼我們和同事、客戶在一起工作很長時間，也不會有特別親

密，彼此彷彿相知多年的感受？就算我們生活中認識三四年的朋友，大多數也並不會有這樣的信任感。是什麼原因導致十多個陌生人在僅僅相處四五天後就發生這樣的改變？

我發現，一個重要的原因是工作坊的導師，有意識地促進和引導學員進行自我暴露。在工作坊中，我們都會分享過去的經歷，甚至自己童年的感受，與大家分享曾經遇到的挫折、內心的恐懼等。這些話題，如果沒有這個工作坊，我們可能永遠不會和別人說起——至少不會和陌生人說起。而在工作坊中，每個人都被鼓勵進行這樣的分享。

因為分享之後，大家就對彼此知根知底：瞭解你的童年經歷，瞭解你的痛苦和喜悅，那麼，我們能更好地理解現在的你，為什麼是現在的你。當我們對別人的行為有可預期的感受時，我們自然會產生信任感。

這段經歷，讓我意識到：自我暴露對於我們和別人快速建立信任非常有效。

方法二：做一個給予者

己所不欲，勿施於人。想要別人分享能力，首先我們必須願意分享自己的能力。如果只想索取，最終將會被整個網路所排斥。這其實是一個基本的心理學原理，叫「互惠原理」。用中國古話說，就是：將欲取之，必先予之。關於這一點，席爾迪尼的心理學經典著作《影響力》有深入剖析。

其實，我們大多數人都知道這個道理，但是卻往往做不到給予者的

心態；或者想要做，卻覺得自己沒什麼可給予的──尤其是當我們期望能夠和比我們地位更高、影響力更大的人進行交往時。

但事實上，即使我們地位比別人低很多，我們能給予別人的東西也比自己意識到的多。在《沒權力也能有影響力》一書中，作者亞倫·柯恩指出：「大多數人思維過於狹窄，太看重金錢、社會關係、技術、資訊等顯性資源，卻忽略了感恩、認可和聲譽等隱性利益。」

你對別人真誠地感恩，也能夠讓對方收穫很大的價值。最熟悉的場景應該是在公司聚餐的時候，下屬在眾人面前真誠地感謝上司的幫助和指導，既讓上司感到有面子，也表達了自己的感謝。拍馬屁和感恩的區別在於──一個是虛構扭曲事實，一個是真誠描述事實。所以，如果你能理解他人的價值和獨特性，你的認同和讚揚對別人也是很有意義的。

當然，做一個給予者不僅僅這麼簡單。我的好友張大志近期翻譯出版了一本人脈管理的書籍，名字就叫《給予者》。如果你對這個話題感興趣，可以看看這本書。在這本書中，作者提到身為一個給予者，在和朋友溝通的過程中，有三個黃金問題必須要問。

第一個是：我怎樣才能幫到你？

主動去詢問別人，我怎麼做可以幫助你，這就是一個給予者的心態與行動。

第二個是：你能給我什麼建議嗎？

我們主動向別人尋求建議和幫助，既認可了別人的價值，也為自己

帶來創造新機會的可能。

第三個是：你覺得這件事情還應當再去諮詢誰？

通過這個問題，可以獲取新的人脈線索。有朋友幫你介紹朋友，溝通起來信任成本更低。

所以，當我們花時間和重要人脈進行深入的一對一交流，堅持做一個給予者、真誠待人並主動分享自己的能力時，我們就能夠和我們的人脈圈共用資源和能力。

☑ 人脈管理與二八法則

回到本文開頭的問題：我們人脈圈中那 20%的關鍵人脈是誰？我的答案是：**和我們擁有差異資源的人脈。**

不過我想討論的不是這個具體的答案，而是為什麼在很多領域都會出現二八定律？比如，20%的人擁有 80%的錢，20%的客戶帶來 80%的利潤，20%的品牌占有 80%的市場……

為什麼？為什麼這個世界不是五五分，而是二八分？甚至一個池塘裡面，即使剛開始你投入大小差不多的魚苗，最後也會出現大魚占20%，小魚占 80%的結果。

要理解這個神祕的現象，就要理解我們這個世界是一個相互影響

的系統。只有用系統思考的視角來看，這些神祕現象背後才有合理的答案。二八法則只是一個結果的表象，真正推動這個結果的關鍵是**系統正回饋**。

在我們這個世界系統中，初始條件都很相似，但一些因素的效果會不斷疊加，產生累積的正回饋效應（複利效應）；最終，整個系統就會出現不平等的分布結果。比如前面提到的魚塘中魚的體型大小的案例：為什麼最開始投入幾乎大小相同的魚苗，最後沒有形成平均大小的分布，而是二八分布呢？

原來，剛開始投入的魚苗雖然看起來差不多，但是有一些體型稍微大一點、有力一點的魚苗，因為擁有更多的推進力和比較大的嘴，便形成了小小的優勢。而這樣的優勢產生的效果會累加，最終導致魚苗大小的二八分布。在人脈管理中，我們擁有更多跨領域的重要人脈，就能夠調動更多的資源解決問題；有了更強的解決問題的能力，就有更多的人願意與你合作，從而形成正回饋。在一個複雜的系統中，初始條件的細微差別都會帶來結果的巨大差異。

美國物理學家約瑟夫・福特曾說過：「上帝和整個宇宙玩骰子，但這些骰子是被動了手腳的。」在結果的分布上，這些骰子常傾向冪律分布，呈現出二八定律的樣子。理解這點，對我們意義重大：**我們能夠經由過提前分析系統中哪些因素可能持續累積正回饋，最終影響資源分布的結果，從而未雨綢繆，提前進行準備工作。**等到未來的某一天，只注意到結果的人對你說：「當初你真是走狗屎運了。」你大可一笑就好。

安全空間：減少小機率事件造成的嚴重後果

☑ 九十九個成功抵不過一個失敗

鐵達尼號撞到了冰山，1500多人葬身海底。之所以會死這麼多人，除了碰到冰山運氣實在不好，還有一個重要原因：船上沒有足夠的救生艇。如果有救生艇，蘿絲和傑克的人生會是另一個樣子。可是當時人們認為，鐵達尼號是永不沉沒的豪華巨輪，所有設備都是全新的，怎麼可能用到救生艇呢？

然而，歷史用鮮血告訴我們：**再穩固的系統，如果沒有預留足夠的安全空間，都可能導致無法挽回的巨大損失。**

有一個夜晚，我從辦公室離開的時候已經11點多了。這個時間點，路上車輛已經很少，尤其是在這條單行道上。我一邊開車一邊聽著歌曲，腦子裡想著明天的工作。突然，對面衝過來一輛逆行的汽車，刺眼

的遠光燈讓我不由得瞇起眼。我下意識一腳急刹。伴隨著「吱—」的刹車聲，強烈的遠光燈從我車旁呼嘯而過。

什麼是安全空間？簡單說，就是**為了保證系統的正常運作，或在極端情況下，為了不造成無法挽回的結果所做的準備**。很難想像，在無人的街道上，一條單行道上，怎麼就會偏偏在我駛過的時候出現一輛疾駛的逆行車？可是生活就是這樣，小機率事件必然發生。

我是幸運的，避開了對面逆行疾駛的車輛，要不然各位就看不到這些文字了。可是萬一相撞，後果就難以預料。

為了減少類似這樣的小機率事件造成的嚴重後果，所有的汽車都會設置安全帶和安全氣囊；當然，安全帶能夠起作用的前提是你要繫著。

我們生活中很多事情背後，都有一個預防小機率事件的備份系統。比如：汽車後備廂有一個備用輪胎；電梯如果繩索斷了，有一個緊急制動的安全鉗會起作用等。

你是不是覺得，這都是些習以為常的事情，沒什麼了不起？可是，這個看似淺顯的道理，卻是我們在生活中最容易忽略的。

你有沒有臨到交稿或演講了，卻發現唯一的 Word 文件或 PPT 文件打不開的經歷？你有沒有看到身邊的人生了重病，卻沒有保險，跪地求救，發起募捐？如果你或你家裡的賺錢主力突然失業了，沒有了工資，你的家庭生活會受到多大影響？如果你上班的時候家裡失火了，一切付之一炬，你能微笑著在廢墟前留影嗎？

如果你有類似的經歷或擔心，你就懂得安全空間是多麼重要了。**即**

使我們做對了99%的事情，只要1%的事情搞砸，造成的損失就會放大10000倍，因為在一個系統中，不同的事情對結果的影響是不均衡的。這種影響力的分布是符合冪律分布的：那些偶然的、意外的小機率事件的結果，往往造成致命的後果。而安全空間，就是人類在無數次犯錯之後總結出來的對小機率事件的應對之道。

2010年，巴菲特和查理・蒙格來中國的時候，央視《對話》節目採訪兩人。節目中，查理・蒙格發言不多，但其中有一句話是：「『安全空間』這個概念是由一位很聰明的人，在經歷人生許多挫折後建立起來的，它非常有創造性。（他說的聰明人，自然是指巴菲特的老師葛拉漢。）」

如果安全空間如此重要，那如何建立一個有效的安全空間呢？

✅冗餘備份

建立安全空間，最常用的辦法就是構建冗餘備份。

一、完整備份

構建冗餘備份最簡單的辦法就是：再來一瓶。我們有兩個眼睛，兩個耳朵，兩個鼻孔，兩個腎臟……除了美觀的原因，它們也互為備份。

你的畢業論文，除了電腦裡那一份，隨身碟、郵箱和網路硬碟裡應該各有一份。這些都是完整的冗餘備份。

不過，安全和成本、效率之間往往不可兼得。不是所有的場合都有條件複製一個完整的方案，因為越安全就意味著越浪費。有時候為了安全，進行完整備份的成本是無法承受的。

怎麼辦？

二、關鍵節點備份

人們想出了退而求其次的辦法：不備份整個系統，而是備份最關鍵的部分。

飛機上的關鍵部分，如全數位電傳操作和液壓系統，會被一式三份地進行備份，專業術語叫「三重模組冗餘」（TMR）。在三個替補部件全部發生故障前，系統能夠一直保持正常運轉。

微信在春節這樣的流量高峰期，對伺服器的回應能力需求是平時的幾十倍。如果依靠新增伺服器來保證系統像平時一樣流暢，姑且不說耗資驚人；就算能夠花得起這錢，那也是巨大的浪費──平時根本不需要這麼大的處理能力。

那怎麼辦？騰訊採取的策略是：優先保證核心功能的運行。比如，在高峰期，一定要確保發紅包的資料準確，因為把錢弄錯可是大問題。這個時候，微信系統對文字消息的資料準確性可能降低。如果資源不

夠，微信甚至對文字消息的時間順序都不去校檢——這意味著，你先收到的資訊可能是對方較晚發送的。但是，為了給核心功能留下足夠的安全空間，同時又要盡可能降低成本，這樣的犧牲也是可以接受的。

再如，如果你有一輛電動汽車特斯拉，那麼當你的儀錶板顯示汽車電量為零的時候，實際上電池裡面還有 10% 的電量。這部分電量是使用者不能使用的。這是為了保證在極端情況下——你的汽車沒電了，又好多天不充電，你的電池不會過度放電，影響安全和性能。

創造優先保證系統核心功能的安全空間，是人們在安全和成本效率之間尋求平衡的通常做法。比如，公司的核心部門一定要設置儲備幹部，以防止業務風險；如果你的主要資產是你的房子，那麼你就應該為你的房產買一份保險。

這些關鍵環節的安全空間，能夠避免你在極端情況下的尷尬。通過冗餘備份來構建安全空間，除了完整備份和關鍵環節備份外，我們還有另一種備份方法：解決方案備份。

三、解決方案備份：B 計畫

所謂解決方案備份，就是我們常說的 B 計畫。我們不一定需要對原來的系統進行備份；只要我們在極端情況發生時，有一個能夠實現同一個目標的解決方案就可以。

發生火災時，消防通道便是電梯的 B 計畫；戰爭時期，高速公

路便是機場跑道的 B 計畫。我們的職業生涯，也需要一個 B 計畫。LinkedIn 和 PayPal 的創始人霍夫曼有一個非常著名的 ABZ 理論。他認為，你在任何時候都要有三個計畫：ABZ 計畫。

A 計畫，是你目前能夠長期從事，並且值得持續投入的工作，例如你現在的工作。

B 計畫，是在 A 計畫之外，你應該給自己創造的新職業機會。萬一 A 計畫有問題，你可以有應對的方案。

Z 計畫，是用來應對最糟糕狀況的備用計畫，即假如有一天，你倒楣透頂，你的 A 計畫和 B 計畫都失敗或失效了，你應該有一個可以保證自己生存的計畫。比如，存足夠的錢，在半年沒工作的情況下，生活品質也不會下降。

霍夫曼的 ABZ 計畫裡，B 計畫就是一個備用的解決方案，就像有了電梯仍然需要樓梯一樣。而 Z 計畫是我們的關鍵系統備份：留下足夠的錢，保證系統核心功能正常運作。

我們往往不願面對或承認最糟糕的情況會發生。但是，只有為最糟糕的情況提前做打算和準備，才能真正減少和避免最糟糕的情況發生。

上面所有的內容，都是通過構建一個冗餘備份來創造安全空間：冗餘的系統、冗餘的關鍵功能、冗餘的解決方案。然而，只要是構建冗餘，就需要額外的資本和投入。如果我們的資本不夠或者不想投入這些

資本，還能創造安全空間嗎？答案是，能。

✅ 冗餘的反面：精簡

　　萬物陰陽相生。創造安全空間，除了冗餘的辦法之外，還可以通過精簡來獲得。這是爲什麼呢？冗餘的思路是：如果一個小機率事件發生的結果很危險，那麼就需要有一個備案來避免這個糟糕的結果。

　　而機率論告訴我們：生活其實是一系列排列組合的計算。要獲得最大勝算，聰明的辦法就是「只在有勝算的情況下出手」。我們通過減少做決策的次數提高決策勝率，也能夠創建安全空間。這就好比如果你不希望路過河邊時淹死，你可以通過帶救生衣來應對這一情況，也可以借由減少去河邊的次數，或只選擇風和日麗且有救生員在身邊的情況去河邊。

　　這一思路早在《孫子兵法》裡就精闢地提出了：「勝兵先勝而後求戰，敗兵先戰而後求勝。」「勝兵先勝而後求戰」，是指眞正優秀的指揮官，是確保已經可以勝利了才出手求戰。「先勝後戰」便是指有了足夠的勝算，就有了足夠的安全空間，這時候再行動才正確。不懂戰爭的人，是先出來打仗，期望在打的過程中贏得戰爭。

　　如何確保「先勝後戰」？巴菲特曾經精闢又通俗地解釋：「以 4 毛錢的價格買價值 1 塊錢的東西。」中間相差的 6 毛錢，就是你的安全空

間。聽起來很簡單啊，只在確保有勝算的情況下才做出決策。可你真的
懂了，又能做到嗎？

✅ 簡單的法則最難堅持

2007 年年底，正是 A 股瘋狂的時候。我的好朋友 A 一直對股市賺
錢半信半疑，所以一直都沒有投入股市。可是這時候他有點按捺不住
了。隔壁的大媽當時把棺材本拿出來投資的時候，他還勸人家要小心。
可是現在大媽已經賺了 20 多萬，他反而成了「愚蠢的守舊派」。

自己真的落伍了？小 A 開始研究股市。這時候所有人都告訴他：
「股市雖然有點泡沫，但是一定不會下跌，因為政府不讓。」為什麼？
2008 年奧運會，要保持國際形象，不能讓股市大跌。我們比起美國股
市還差很多，現在才 5000 點；我們國家這麼多人，至少要到 10000 點
才合理……

所有人都賺錢了，所有人都告訴他自己是股神，如何會選股，如何
輕鬆賺了 100 萬。小 A 心動了，拿出存摺去開戶了。

我們知道只在確保有勝算的情況下才做出決策。可是，當隔壁二狗
都在賺錢，你還傻傻地待在原地，你能堅持得住嗎？這時候連二狗都賺
錢了，難道不是有勝算的時候嗎？

這就是問題所在：**我們判斷一件事情是否值得做，往往是聽「所有**

人」的意見，而不是自己獨立思考和分析。而當你思考的結果是導致自己錯過巨大機會的時候，你的懊惱、沮喪會讓自己更加懷疑先前的決定。現在，你成為人群中的一員。終於，你也賺到了股市的錢。你開始認為自己也是股神，只不過自己發現得有點晚，直到股市暴跌的突然來臨。

永遠不要僅僅透過別人是否賺了大錢，來判斷這件事情是否值得做。而這，卻往往正是我們大多數人的做法。為什麼不能這麼做？市場經濟不就是哪裡賺錢多，哪裡吸引資源投入嗎？不，賺錢和賺錢是不一樣的。你必須考慮賺錢背後承擔的風險。同樣是賺 100 萬元，販毒和創業做 IT（資訊科技）公司完全不一樣。前者的風險是掉腦袋，而後者大不了從頭再來。考試作弊拿到高分你也不要羨慕，成就背後的代價，可能毀掉你一生。

然而，在一帆風順的時候進行風險控管，是一件看起來很傻的事情，因為得不到驗證，所以風險控管的價值得不到認可。正如巴菲特所說，「同樣賺到 100 萬，一個是承擔低風險，一個是承擔高風險。但是市場平穩的時候，沒人知道風險有多大。除非潮水退去，否則無從分辨誰在裸泳。」所以，如果你要能夠堅持只在有勝算的時候做決策，就要有能力在受到高風險、高回報的誘惑時保持冷靜。

✅ 靠等待賺錢

　　如果我們採取「只在有勝算的情況下出手」的策略，那麼由於出手條件非常苛刻，可以出手的機會就很少：你要過濾掉太多雖然可能會成功，但是沒有十足把握的機會。不過，你卻能極大地避免風險。

　　從結果上看，你似乎在「靠等待賺錢」。正如查理·蒙格所說：「嘗試做成千上萬的小事很難。但試著把幾件事做好，就會有好的結果。少數幾個好的決策在長期能帶來成功。我不介意在很長的時間裡沒有任何事情發生。」

　　靠等待賺錢，並不意味著你在等待期間無所事事。你要做的是**避免犯錯**，這是很重要的工作。要做到避免犯錯，查理·蒙格說有兩點很重要。一是要花很多時間思考。查理·蒙格和巴菲特的日程非常寬鬆，把大量時間用來思考。你考慮得越周全，犯錯的機會就越小。二是要避免讓自己同時處理多個任務。大多數人在追求成功的道路上認為自己還不夠忙，可是越忙越容易出錯。而出錯會打斷投資的複利效應，這樣的代價非常不划算。

　　和耐心一樣重要的是**勇氣**。你一旦發現機會，就要全力以赴。就像守株待兔的獵人，等待的機會終於到來，必須給出致命一擊。

　　而我們在多數情況下，做決定的時候不果敢，投入的時候不堅決，做判斷的時候不獨立，看到別人賺錢的時候不甘心。上述任何一點，都違背構建安全空間的原則。增加系統的冗餘和提升決策的品質，是創造

安全空間的兩大途徑。除此之外，《黑天鵝》的作者塔雷伯在《反脆弱》裡提出第三條路徑——構建反脆弱的安全空間。

☑ 構建反脆弱的安全空間

我們前面的思路大致分成兩種：冗餘——是對系統發生極端情況時，有備份來抵禦嚴重影響；精簡——是減少有風險的決策，提高成功率，減少甚至消除極端情況的發生。而《反脆弱》提出全新的思路：**不是對系統的結果進行應對，而是直接改變系統的性質。**

在這個世界上，有些系統是很脆弱的。這裡的脆弱，是指遇到極端情況之後會造成巨大的損失。比如一個玻璃球，摔到地上將粉身碎骨。

而有些系統是強韌的。這裡的強韌，是指遇到極端情況後能夠自動恢復。比如一個塑膠球，摔到地上之後很快就會恢復原樣。

而有些系統是反脆弱的。反脆弱是指，遇到極端情況之後反而能夠獲得更大的益處。比如一個雪球，摔到雪地裡反而會越滾越大。

因此，我們如果想增加安全空間，不需要糾結地預測什麼時候發生極端事件，如何減少極端事件的發生，而是想辦法加強系統的反脆弱性。一個罕見的嚴重事件帶來的影響，遠遠大於較小衝擊的累積影響。比如，在山上走，不幸被一塊100公斤的大石頭砸中，必然造成重度傷殘；但如果是偶爾有塊1公斤的石頭砸到你，就算來了100下，那也會

輕鬆得多。

因此，我們可以把一個要承擔極端嚴重後果的系統，變爲一個持續承受小衝擊的系統。比如，中央集權的系統，一旦遭遇嚴重權力挑戰，就會分崩離析；而一個分權式的系統，遭到權力挑戰，能夠自我修復，甚至強化系統。一個按照商業計畫書來創業的團隊，一旦遇到未預料的事件，便滿盤皆輸；而一個快速試錯、精實創業的團隊，遇到未預料的事件，不僅有能力應對，還可能將其發展爲新機會。

更重要的是，塔雷伯提出，我們可以通過**利用事物的非線性規律來應對各種始料未及的事情**。所謂「非線性」，就是原因和結果之間的關係不是平均分布，而是不成比例地放大或縮小。比如，你花 100 元買火災險，一旦發生火災，賠償的金額遠大於投入。利用這種非對稱性，我們便能用很小的成本改變系統性質。這便是塔雷伯提出的通過提升系統反脆弱的能力，降低系統對安全空間的要求。這便成爲我們管理安全空間的第三種思路。

✅ 總結

1. 由於冪律分布定律，小機率事件會造成極端嚴重的後果。

2. 爲了避免此前的努力付之一炬，應該構建安全空間，保證複利效

應持續起作用。

3. 爲了構建安全空間，我們可以從三個思路出發：

（1）設計冗餘備份，保證系統正常運作。

（2）提高決策品質，減少極端事件的發生機率。

（3）提升系統的反脆弱性，增強系統對極端事件的應對能力。

臨界知識的綜合應用

前面講了一些具體的臨界知識。但是大多數情況下，我們不能只靠單獨的一種臨界知識解決問題，而是要把各種知識綜合起來，協同應用，發揮共振效應。

做到這一點，其實並不難──只要你對問題的實質掌握透徹，並且瞭解相關的臨界知識，那麼解決方案就是顯而易見的。不過，所謂會者不難，難者不會。要想和剛入門的人討論這個問題非常不容易，這就好比高中生給小學生講加減乘除和函數計算結合起來一樣，高中生覺得很簡單，小學生卻覺得很難。

所以，寫這個主題是吃力不討好的，因為查理‧蒙格就曾經專門對這個話題發表過一次演講，題目是〈關於現實思維的現實思考〉。結果這個演講「極其失敗」，大多數人不知道蒙格在說些什麼，甚至「人們將演講稿仔細讀過兩遍之後還覺得很費解」。從演講角度來看，那次演講是失敗的。但蒙格說，這種情況存在「微妙的教育意義」。

我想，這種「微妙的教育意義」在某種程度上講，應該是指**大多數人並不具備用基本的重要規律來解決現實問題的能力**。所以，即使你

把《九陰眞經》的招數全部綜合起來演示一遍，外行也看不懂。90多歲的蒙格都沒有做到的事情，而我還在人生經驗都不算豐富的階段，要討論這部分問題就更加無疑是蚍蜉撼大樹了。但我最後還是在反覆研讀中，從查理‧蒙格的這篇演講裡獲得很大的啓發。因此，至少對於願意在這個領域投入時間的人而言，對這個問題的討論是有意義的。

此外，我自然不能和蒙格大師相提並論。但是正因爲我也在學習和成長的過程中，所以我對這些方法的理解和應用，或許更容易讓大家感同身受。

對於這個話題，查理‧蒙格講的是一個虛擬的主題：如何白手起家，賺取高達2兆美元的財富？我比較不擅長講虛構的故事，就講一講我在自己眞實生活中的眞實應用吧。

我面臨的問題是：如何把《成甲說書》節目打造成一個成功的品牌？

☑ 臨界知識一：黃金思維圈

如果你像我一樣，人生第一次做音頻節目，懷著忐忑而好奇的心情，坐在羅輯思維的會議室裡，等待與負責我節目的主編見面時，一定也很興奮。

握手、寒暄之後，主編大人便給我提供很多專業意見：我們要給用戶提供眞正有價值的乾貨，要從以下三點注意：你聽一聽某某的音頻節

目，學習一下他的節目是怎麼製作的。我們的音頻節目不要片頭片尾，剛才你的語氣要更加活潑一些⋯⋯

對我而言，這一切顯得那麼新鮮而又熟悉：在面對每一個新領域的時候，都有很多新知識要學習。我的手在振筆疾書記錄這些要點，可我的大腦卻在思考另一件事情：**所有的新事情背後都有舊規律，這裡的規律是什麼**？

主編大人的專業意見當然重要，我也要好好學習彌補這些知識。但是，要保證《成甲說書》的長久持續發展，這些內容是最重要的嗎？當然不是，否則所有播音節目的主持人就都可以成功轉型了。那什麼是最重要的呢？記得我們的黃金思維圈嗎？你遇到每一件事情，首先問「為什麼」：《成甲說書》節目為什麼會存在？你為什麼要做這件事情？

一個節目能夠長期存在，一定受兩方面因素的影響。

一是做為節目內容的生產者，你必須有**熱情**長期投入其中，這樣節目才能長期存在。可你的熱情在哪裡？是做節目嗎？不是，我不喜歡做節目，節目只是形式，是 what 層面的表象。我喜歡的是節目背後承載的某種價值。我必須找到我的熱情和節目價值之間的連接。

二是節目能長期存在的另一個關鍵是**用戶的認可**。市場不買單，節目不存在。《成甲說書》節目持續製作的理由，一定是超越僅實現個人利益訴求的成就感。關於這一點，我從《用對能量，你就不會累》這本書中得到巨大啟發。而心理學的知識告訴我們，人在做決定時，卻更容易受到金錢、名譽、地位等眼前的外部激勵誘惑。追求這些外部激勵，

可以讓我在短期內動力十足；但是時間一久，就出現激勵的「擠出效應」了，也就是一旦沒有了外部激勵，或者這些激勵看起來沒那麼有吸引力之後，你的熱情和動力就會大幅下降。如果我找不到熱愛和堅持的理由，那麼節目還沒開始，就註定會失敗。

所以，找到自己的熱情和天賦就非常重要。（關於如何找到自己的天賦，可以參看第二章的內容。）

我過去在第九課堂進行分享，在公司激勵團隊，以及我寫這本書的原因，都是因為我特別享受把有價值的知識和觀點分享傳播出去幫助別人的過程。可能對別人而言，這是一件很麻煩的事情，可是，對我而言，「好為人師」就是我投入熱情的動力所在。所以，我想明白了，我做節目的底層動力是：喜歡激勵和幫助別人帶來的成就感。《成甲說書》不是音頻說書節目，而是借助這麼一個載體去享受我熱愛分享和幫助別人的樂趣。

想明白這件事，我如釋重負，終於在各種類似「趕緊加入內容創業的這一波」「把自己打造成網紅啊」這樣的聲音中，可以安靜地聆聽自己的內心。

熱點永遠追不完，風口也是給有準備的人，那些都是 what 層面的表象。你真正的優勢不是去追那些 what，而是問自己 why。

☑ 臨界知識二：系統思考

知道了自己爲什麼存在，就解決了系統底層的動力問題，就像在茫茫大海中的航船發現了遠方的明燈。不過在具體實施中，還是有千頭萬緒的事情，究竟從何入手？面對複雜系統，首先要以終爲始地問終點：《成甲說書》的目標是什麼？仔細想了想，我的基本訴求有兩個。一是，我已有一個創業經營 6 年的公司，現在處於快速發展期。所以，我在說書節目上的時間投入，不能影響到公司業務的發展。二是，《成甲說書》對我而言是一個將興趣發展爲新事業的潛在機會。如果能夠形成一個細分領域的品牌，那麼對我未來的發展就會增加發生正面黑天鵝事件的機率。

所以，我對《成甲說書》的經營目標，就是成爲細分領域的知名品牌。至於收入多少則不是主要影響因素。那麼，如何實現這一目標？這就要用系統思考的方式來分析。

從目標入手，假設《成甲說書》成爲有影響力的品牌，那麼就會影響用戶的重複購買率。購買率影響銷量，銷量決定了你在「得到」眾多音頻節目中的排名，而銷量排名決定了你被平臺推薦曝光的次數，曝光量又會影響你的品牌知名度。決定品牌形象的還有品牌美譽度，美譽度是和節目品質有關的。同時，節目的發布頻率也影響到曝光量，而節目品質和節目頻率都和內容生產能力相關。

所以，我對實現自己細分品牌的目標，就形成了如下的系統思考。

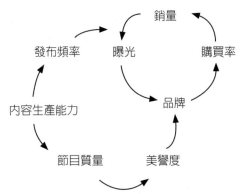

這張圖幫助我在眾多複雜的事情中，找到了整個系統的瓶頸和推動因素，即關鍵解：提升內容生產能力。

這是我要核心突破的重點。在這張系統圖中，其他因素我能夠影響的很少，只有這個因素是我可以掌控的。這一分析，還需要結合對「得到」平臺的戰略分析來綜合考慮，即對「得到」而言，什麼樣的節目或者作者是其發展所需要的。

通過研究，我對「得到」的發展有如下假設：

1. 「得到」是內容生產和分發的平臺，而從其口號「好好學習，天天想上」可以推斷，其核心價值是圍繞學習知識開展，幫助用戶節約時間，提升學習效率。

2. 如果上一個假設是正確的，那麼優質內容的穩定生產就很重要。如果作者不能持續地生產優質節目，那麼對於一個長期運營的平

臺而言，內容製作的邊際成本就很高。

3. 一個能夠持續生產高品質內容的作者，羅輯思維是可能幫助其打造成爲一個小 IP 的，因爲這樣能夠規避羅輯思維做爲一個公司，一直依靠羅胖這個唯一大 IP 埋下的巨大經營風險和潛在成長瓶頸。而眾多小 IP 一旦打造成功，一方面能增加公司收入的多元化與可持續性，另一方面也能爲很多新業務的發展帶來可能。

所以，我對自己品牌戰略的分析有了進一步的深入思考。我要做的細分品牌應該是：學習方法。

爲什麼細分在這個品牌？

第一，我在這方面積累時間久，是我興趣所在。我保持每月十多本書的閱讀量，已經 6 年時間，曾經在第九課堂上開講過學員平均評分高達 9.95 的「個人知識管理」課，並且也在撰寫自己的關於知識管理的書籍。所以，在這個領域，我的認知深度和實踐經驗是有品質保證的。

第二，「得到」是一個知識生產和分發的品牌，我聚焦到學習方法這個主題上，極大地避免了可能因後期「得到」業務調整，對和主題不太密切的子系列調整而受影響的可能性，比如美食、音樂等。當然，現在看來，「得到」是不會調整這些板塊的，但是未來誰知道呢？不過，除非「得到」不做學習定位了，否則我的子品牌是支持「得到」的長期戰略的。

第三，目前市場上沒有鮮明的學習方法的子品牌。有新東方這樣的

教育機構品牌，但是學習方法去哪裡找，還是一個零散、沒有品牌的市場。所以，這是我選擇這個方向的第三個原因。

　　上面的系統思考分析，結合自己在「得到」這個生態系統的生態位元分析，我找到了接下來製作節目的抓手：成為學習方法的領先品牌。分析到這一步，我做《成甲說書》這個節目的關鍵問題，突然從如何學習製作高品質的音頻節目，變成了如何在時間很少的情況下，持續、穩定地生產優質內容。

☑️臨界知識三：二八法則

　　目標找到了，問題也就來了。我在最開始錄製前幾期的節目時總結出一個規律：一集說書節目，從閱讀書籍到提煉核心觀點，到整理成說書思路，再到錄製初稿，如果錄製不好還要反覆重錄，到最終錄製節目終稿，幾乎要 4 天左右的時間才能完成。

　　這樣的時間長度會極大影響我公司的業務，是我不可能持續承受的工作時間。我算了一下，要不影響我公司的業務發展，我每週最多只能拿出 10 個小時來準備，也就是每週出差飛機上 6 ～ 8 個小時，和週末擠出來 2 ～ 4 個小時。

　　一個是 4 天，一個是 10 個小時，差距實在是太大了！

　　其實，這是我們大多數人在工作中會遇到的一種情況：時間緊，任務重。這種情況，我們往往通過加班熬夜或者增加人手來完成工作。但是，對於《成甲說書》這個需要長期、持續、穩定生產的工作，這個解決方案就不可行了。那怎麼辦？

　　這種資源有限，卻要實現高績效問題的突破口，就是二八定律。20%的核心工作，決定 80%的業績成果。我們知道：工作時間 × 工作效率＝工作成果。

　　此前，我們加班和加人手的解決方案，主要是通過增加絕對工作時間投入來增加工作成果。但對於《成甲說書》而言，時間有限這一約束條件是不能改變的，所以，我唯一能夠改變的就是工作效率。

　　可是如何提高工作效率呢？

　　這就要改變我們認識工作的視角。我們過去認為，工作是各個步驟和流程組合的結果，完成工作就是按品質完成整個流程。這個認識本身並沒有問題，但是讓我把視角放得再深入一些，我們會發現，**任何一個複雜工作，其中的每個流程對於最終成果的價值貢獻是不一樣的。**換句話說，任何一個工作，都有高產值環節和低產值環節。**提高效率的關鍵，就是找到高產值環節，並集中精力保證它的品質，而把低產值的環節外包出去！**

　　所以，解決《成甲說書》持續高品質生產的關鍵，借助二八法則就變成找到《成甲說書》節目製作中創造核心價值的環節。要找到核心價值環節，無非是兩步：第一步，把工作流程進行分解；第二步，找到最

影響說書品質的環節。我發現，《成甲說書》的準備過程中，最最關鍵的核心價值在於：這本書本質上在解決一個什麼問題，它為什麼會有這樣的解決方案？怎樣把解決方案以輕鬆、易懂又深刻的方式展示出來？

想明白這件事情，我就開始大幅度改造我的說書準備流程，把它拆分成十多道工序。我嚴格控制上面的核心價值環節，其他環節就交給更適合的外包人員完成。這樣，我真正投入準備說書節目的時間，從原來4天左右減少為5～6個小時。而有趣的是，節目品質不但沒有下降，反而因為我有更充足的時間關注最關鍵的價值生產環節而得到進一步的提高。

臨界知識四：複利模型

當我利用黃金思維圈、系統思考和二八法則這幾種臨界知識進行思考，就基本解決了《成甲說書》實現創造品牌這一目標的方法路徑問題。可以說，節目的生存之虞已經沒有了。那麼，我自然就要考慮更進一步的事情：如何讓《成甲說書》的價值最大化？

我投入在《成甲說書》的每一分鐘，都是我生命中不可挽回的過程。如何讓我們投入時間的付出持續地產生價值，而不是簡單地生產一集節目，就只有一集節目的影響力呢？換句話說，如何讓《成甲說書》每集付出的努力持續地產生價值？

這時候，複利模型就派上用場了。此前我們提過，複利的本質是，做事情 A 本身的結果，能夠促進更大的 A 發生。

公式是：$A' = A(1 + 利率)^n$

其中利率，就是使用者重複購買率，取決於產品品質和口碑分享。我們前面分析過了。另一個因素 n，也就是節目的生命週期。如果一集節目單集賣得很好，但很快生命週期就結束了，那麼在未來它就無法發揮複利效應。

換句話說，我要讓每一集的《成甲說書》節目不僅能夠提升口碑、讓人們之後購買新節目，如果這集節目本身也能歷久彌新地吸引新用戶購買，那麼我們就能最大化地發揮複利效應了。

為了讓我現在錄製的節目在未來仍然能夠銷售，我以終為始地構想了這樣的場景：假如一集節目是 2016 年 1 月錄製的，那麼 100 年以後，也就是 2116 年 1 月的時候，人們為什麼還要買你的節目？

時間跨度 100 年，雖然聽起來有些誇張，「得到」那時還存在都是小機率事件，但是，這個思考方式讓我找到關鍵點，那就是你製作的節目內容，其主題必須是不隨時間流逝而使價值消逝的。比如《影響力》《輕鬆駕馭意志力》，可能過 100 年人們都會關心，現在的研究結論都會對後人有啟發，這就是經典著作的價值。當然，不可能我選擇的所有說書內容都能管用 100 年，但是有一點卻是明確的，那就是不追熱點，

關注經典。

同時，還有一個重要因素影響複利效應的發揮，那就是**初始資本**。就像你存錢理財，從 1000 元起步和 100 萬元起步，複利效應差別是驚人的。所以，要加速複利效應，就必須加大前期的用戶數。增加早期用戶數，是每個互聯網創業人都頭疼的事情。

不過對我而言，最重要的策略是學習羅振宇。學習什麼呢？**抱大腿策略**。在最早期的時候，羅振宇節目的重要策略是依託優酷視頻平臺這條大腿，借助網站導流來增加用戶數。這個策略比那些建立自己的網站、做自媒體的人聰明得多：一方面既說明優酷解決自製內容的問題，另一方面也極大地增加了自己的曝光度。這個場景和《成甲說書》的場景幾乎一模一樣。只不過，今天羅輯思維成了大腿，《成甲說書》就要借助這個平臺來提升影響力。

所以，在複利效應的指導下，對於我建立自己學習方法的品牌，我確定了以經典內容為主的選題策略。

☑ 臨界知識五：冗餘備份

前面的分析，就是我對《成甲說書》利用臨界知識進行產品策略分析的過程。但是對於任何一個系統而言，都可能出現各種小機率的意外事件。那麼，要保證《成甲說書》系統在遇到意外情況時仍然能保證關

鍵環節的運作，就需要借助冗餘備份這項臨界知識了。

前面我們提到，整個產品最關鍵的環節是，穩定高品質的產出。而穩定產出的最大變數有兩個：我可能會遇到各種情況占用自己的時間精力從而影響節目；我的外包團隊掉鏈子——比如生病，回家結婚，孩子手骨折要回家照顧孩子等（孩子手骨折這個案例之所以放在這裡，是因為這件事情真實地發生了……）

所以，我用冗餘策略來解決這個問題：**採用雙外包團隊**。我有兩個團隊在幫我準備相關外包內容，這樣，如果他們每週能夠正常生產，我就會積累下當下用不完的方案。而且，萬一一個團隊的品質不達標，被我或者羅輯思維斃掉了，也不會有大的影響。

當有雙外包幫我做準備，我就能夠提前多生產一些節目，初步實現即使有意外情況導致兩個月不能生產節目，節目也能正常營運。而且，有了冗餘的產量，我就可以優中選優，對提升節目品質、提高用戶口碑、增加品牌影響力，都有積極的作用。

以上梳理的幾點內容，大致是我思考節目策略時用到的臨界知識。

誠然，任何一個問題都沒有標準答案。而且這個世界足夠複雜，各個因素又彼此相互聯繫，我用上述知識來指導我思考和提出策略，也不能保證一定成功。但是，如果沒有這些思考的工具和策略，我要應對的意外情況就要多得多。正所謂，預見性策略不能預見所有事情，但是能在重要而可預見的事情上給你幫助，你就已經獲得了巨大的優勢。

【結　語】

強學習者勝出時代

　　我們處於中國百年來最強盛的時期。隨著互聯網的普及，人們在享受教育的權利方面也得到極大解放。可以說，獲取學習的資訊這件事情變得越來越簡單。

　　然而，從學習本身而言，卻呈現兩個極端：一方面是享受學習之易，另一方面要忍受學習之難。學習之易在於獲取高品質的學習環境越來越便捷。姑且不說羅輯思維「得到」把自己定位為知識運營商，用頂級人才以極其低廉的價格服務使用者，就是免費的產品也有 TED、雲課堂、慕課等，資源取之不盡。

　　在紅紅火火、熱熱鬧鬧的教育創業背後，是學習之難的冰冷陰影。深度的認知和學習，永遠要耐得住寂寞，下得去苦功夫。**沒有刻意學習的痛苦，就沒有一針見血的清楚**。然而，我們隨處可見的「祕笈」與「真知灼見」像速成的興奮劑誘惑著人們。我們在更輕鬆、更快捷的學習環境中，培養了一批人貌似深刻的膚淺。

　　昨日之大師、今日之大師和未來之大師都不可能只要放進藏經閣中

再出來便成真身。沒有十年寒窗，難得寶劍出鞘。然而，今日之大師又和往昔不同。過去，認知能力和知識的淵博，更多是給大師帶來學術高度或者社會名譽。而在今天，你的深刻見解和見識能夠輕易地為你帶來更大的世俗意義上的成功。比如於丹講《論語》。過去你《論語》研究得再好，也不過是一個學術圈子的權威，而現在你可以成為家喻戶曉的明星。再如李叫獸，縱然年輕，只要在細分領域裡有令人信服的見解，也可以取得相當不錯的成就。

我們看到，越來越多的人透過自己認知能力的優勢獲得更多的世俗利益。然而，我們也要看到硬幣的另一面。隨著移動互聯網的普及，交易成本不斷下降，頂級人才的溢價越來越高，而普通人才的生存條件卻在惡化。比如羅輯思維用頂級人才給你極其便宜的服務時，你還會聽你們縣城裡的學者講座嗎？這個時代，頂級的油畫是史無前例的貴了，而那些還說得過去的油畫現在卻越來越不值錢了。

這樣的趨勢說明了什麼？**如果安於做那長尾的 80%，或許生存的絕對條件在提高，但是相對生存差距在加大**。好在這股力量才剛剛開始，認知優勢形成的競爭優勢也剛剛拉開序幕。事實上，繼學歷優勢、關係優勢之後，認知優勢將成為中國越來越融入世界、市場化競爭越來越普及之後的新的機遇紅利。

換句話說，在這種充分的商業競爭中，具備商業底層認知方法論的人才將在競爭中脫穎而出。中國的商業競爭引入越來越多有哲學思考、深度獨立分析判斷的商業人才，對中國的國家發展亦是大的幸事。我

想，如果現在有一批具備這種強大學習能力、掌握底層思考方法和探究深度商業價值的人才，那麼在未來 5 ～ 10 年他們必將成為中國新的商業中堅強的力量。

古人云：「修身，齊家，治國，平天下。」這是士大夫階層的人生理想。而今天受高等教育的人才的價值，不僅僅是一個文憑學歷符號，更多的是在商業戰場上馳騁，用眼光和判斷力以及道德和哲學高度實現世俗和理想中人生的價值。我相信，在這一波認知變革的浪潮中，定會湧現出一批新的精英，下一波發展浪潮打下堅實的基礎。

站在這個高度來思考今天我的這本書，就可以發現，它只是前進路上的第一步。在培養擁有認知戰略優勢和掌握商業底層方法論人才的路上，我們才剛剛起步。未來，我也會繼續實踐，嘗試在這股浪潮中做一些自己力所能及的事情。

先覺出版社
Prophet Press

www.booklife.com.tw　　　　　　　　　reader@mail.eurasian.com.tw

商戰　169

精準學習：「羅輯思維」最受歡迎的個人知識管理精進指南

作　　　者／成甲
發 行 人／簡志忠
出 版 者／先覺出版股份有限公司
地　　　址／台北市南京東路四段50號6樓之1
電　　　話／（02）2579-6600・2579-8800・2570-3939
傳　　　真／（02）2579-0338・2577-3220・2570-3636
總 編 輯／陳秋月
主　　　編／簡　瑜
責任編輯／許訓彰
校　　　對／許訓彰・簡　瑜
美術編輯／潘大智
行銷企畫／陳姵蒨・徐緯程
印務統籌／劉鳳剛・高榮祥
監　　　印／高榮祥
排　　　版／陳采淇
經 銷 商／叩應股份有限公司
郵撥帳號／18707239
法律顧問／圓神出版事業機構法律顧問　蕭雄淋律師
印　　　刷／祥峰印刷廠
2017年8月　初版
2017年9月　2刷

我自己曾經在學習「學習」的過程中，有過太多困惑和迷茫，然而，我發現我過去遇到的問題，到今天還有很多人在不斷經歷著，所以我把現在的一些感悟和認識分享出來，相信對大家提升自己的學習效能會有所啟發。

——《精準學習》

◆ **很喜歡這本書，很想要分享**

圓神書活網線上提供團購優惠，
或洽讀者服務部 02-2579-6600。

◆ **美好生活的提案家，期待為您服務**

圓神書活網 www.Booklife.com.tw
非會員歡迎體驗優惠，會員獨享累計福利！

國家圖書館出版品預行編目資料

精準學習：「羅輯思維」最受歡迎的個人知識管理精進指南／成 甲 著.
-- 初版.-- 臺北市：先覺，2017.08
320面；14.8×20.8公分.--（商戰；169）
ISBN 978-986-134-305-1（平裝）

1.知識管理 2.成功法 3.思考

494.2   106010731